TONI HUBER

PIRSCH

AUF GAMS, REH UND HIRSCH

FASZINATION BERGJAGD

stv

Umschlaggestaltung:
DSR Werbeagentur Rypka GmbH, 8143 Dobl/Graz
Umschlagfotos: Ralf Kistowski, wunderbare-erde.de

Bildnachweis:
Peter Schild, Schweiz: S. 165; Korbinian Witting, Garmisch-Partenkirchen: S. 20 u., S. 28, S. 114 u., S. 123 u., S. 164 o.

Alle übrigen Bilder im Innenteil wurden uns freundlicherweise vom Autor zur Verfügung gestellt.

Bibliografische Information der Deutschen Nationalbibliothek
Die Deutsche Nationalbibliothek verzeichnet diese Publikation in der Deutschen Nationalbibliografie; detaillierte bibliografische Daten sind im Internet unter http://dnb.d-nb.de abrufbar.

Hinweis: Dieses Buch wurde auf chlorfrei gebleichtem Papier gedruckt. Die zum Schutz vor Verschmutzung verwendete Einschweißfolie ist aus Polyethylen chlor- und schwefelfrei hergestellt. Diese umweltfreundliche Folie verhält sich grundwasserneutral, ist voll recyclingfähig und verbrennt in Müllverbrennungsanlagen völlig ungiftig.

Auf Wunsch senden wir Ihnen gerne kostenlos unser Verlagsverzeichnis zu:
Leopold Stocker Verlag GmbH
Hofgasse 5/Postfach 438
A-8011 Graz
Tel.: +43 (0)316/82 16 36
Fax: +43 (0)316/83 56 12
E-Mail: stocker-verlag@stocker-verlag.com
www.stocker-verlag.com

ISBN 978-3-7020-1711-8

Layout und Repro: DSR Werbeagentur Rypka GmbH, 8143 Dobl/Graz
Druck und Bindung: Christian Theiss GmbH, 9431 St. Stefan

Inhalt

Vorwort

Dieses Buch ist drei Personen, welche in meinem privaten und jagerischen Leben eine wichtige Rolle gespielt und mich einen Teil meines Weges begleitet haben, gewidmet.
Meiner lieben Frau Karin, welche für meine jagdliche Passion und Leidenschaft immer vollstes Verständnis gehabt und mich bei so manchem Reviergang begleitet hat. Leider hat sie uns viel zu früh für immer verlassen.
Meinem Freund und Jagdherrn Hans, der mich als Jagdaufseher in seinem Oberammergauer Revier an der Hege und an der Jagd auf unser heimisches Wild großzügig teilhaben ließ. Jagd- oder Schussneid waren ihm ein Fremdwort. Leider deckt auch ihn schon lange die heimatliche Erde.
Meinem Freund und Jagdprinz Jaga-Max, von dem ich alles über die gerechte Führung unserer treuen Begleiter, unserer Bayrischen Gebirgsschweißhunde, lernen durfte. Auch viel jagerisches Wissen durfte ich von ihm lernen.
Leider weilt auch er nicht mehr unter uns, und mit ihm ist ein Berufsjäger vom alten Schlag, derer es leider nicht mehr viele gibt, gegangen.
Dieses Buch ist nach vielen Gesprächen mit dem herausragenden Berufsjäger und Buchautor Konrad Esterl entstanden, der mich ermutigte, diese Zeilen für unsere Nachwelt zu Papier zu bringen.

Vergelt's Gott!

Garmisch-Partenkirchen,
im Frühjahr 2017

Vorwort zum Buch vom Huber Toni

Tradition ist nicht die Anbetung der Asche,
sondern das Weiterreichen des Feuers.

Ich hatte Glück, meine Ausbildung zum Berufsjäger in einem der schönsten Jagdreviere absolvieren zu dürfen. Das Werdenfelser Land war mir mit seinen wilden Felszacken und Felszapfen, mit seinen tiefdunklen Wäldern, Almmatten und glasklaren Bergseen nach kurzer Zeit sehr ans Herz gewachsen. Das majestätische Zugspitzmassiv, zu dessen Füßen der Eibsee durch den Bergwald schimmert, und die sich im Spiegel des Sees abzeichnenden grantig dreinblickenden Waxensteine waren mir jagdliche Heimat geworden. Es war ein imposantes Schauspiel, wenn im Herbst von den im Morgengrauen weiß leuchtenden Felswänden der Zugspitze das Aufgrollen der Berghirsche Echo erzeugend zurückgrollte. Es war für mich die Erfüllung eines Jugendtraums, in dieser Urlandschaft die Ausbildung zum Berufsjäger erfahren zu dürfen. Es war für mich aber auch ein besonderer Reiz, hier zusammen mit meiner BGS-Hündin zu lernen, zu staunen und zu erleben.

An einem schwül-warmen Augustmorgen – der Bergbock hatte gerade die Hochzeitsstiefel angezogen – saß ich im Lerchenwald der Steinplatte, um den Bergbock herzublatten. Da ich die Ruf-, Lock- und Reizjagd auf Grund meiner Musikalität beherrschte, blattete ich, wie es mir ein Kollege aus dem Schwarzwald beigebracht hatte, mit einem Geldschein (fürwahr eine Seltenheit im schmalen Geldbeutel eines „Lehrbuam"). Längere Zeit rührte sich überhaupt nichts und ich wollte gerade zusammenpacken, als vor mir die Äste knackten. Durch den Lerchenwald schlich ein älterer Hirsch, der nur ein hoch aufhabendes Sechsergeweih trug. Ich hatte keinen Hirsch frei und so ließ ich den Abschusshirsch der besonderen Güte weiterziehen. Immer wieder äugte der Althirsch zu mir her. Nochmals gab ich den feinen Ton der brunftigen Rehgeiß von mir, als der Hirsch abermals auf mich zuzog. Mehrmals fuhr sich der Hirsch mit dem Lecker über den Windfang, ehe er im Lerchenwald verschwand.

Nach meiner Ausbildungszeit wurde ich in das Valepper Tal versetzt. Durch Zufall erfuhr ich, dass der neue Revierjager und spätere Wildmeister Max Kotterisch den Sechserhirsch von der Steinplatte erlegt hatte und ihm das Geweih aus dem Brunnentrog vom „Jagahäusl" entwendet wurde. Mit dem „Jaga-Max" verband mich, wie es unter Kollegen so Brauch ist, eine innige Freundschaft. Der Max war wie ich ein begeisterter Führer des Bayrischen Gebirgsschweißhundes.

Anlässlich einer Zusammenkunft der „Schweißhundemänner" lernte ich den Schreinermeister Toni Huber kennen. Wie zwei BGS-Rüden beschnupperten wir uns, stellten dabei aber fest, dass wir die gleichen Interessen und die Liebe zu unserem Wild wie auch zu den BGS hatten. Die Einstellung des Toni zur Kreatur und zu unserer schönen Heimat hat mich mehr als fasziniert. Aus dem anfänglichen Beschnuppern wurde eine grundehrliche Freundschaft. Wenn wir uns trafen – leider auf Grund der räumlichen Trennung zu selten –, dann steckten wir die Köpfe zusammen, sodass bei den Versammlungen der „Schweißhundmannder" wir manchen strafenden Blick der Vorstandschaft einstecken mussten.

Anlässlich einer Zusammenkunft – der Toni konnte so herrlich erzählen –, animierte ich den Toni, seine jagdlichen Erfahrungen doch zu Papier zu bringen.

Als mich der Toni später dann fragte, ob ich für sein Buch das Vorwort noch schreiben würde, konnte ich, ja durfte ich nicht nein sagen. So sagte ich spontan zu, denn es ist für mich eine große Ehre, dem Freund und Jagdkameraden seinen Wunsch zu erfüllen. Für den echten Bergjäger, den Naturliebhaber, ist das Buch vom Toni eine Bereicherung. Ich wünsche dem Toni viel Erfolg für seine „jagerischen" Erzählungen.

Konrad Esterl, Wildmeister i. R. *Schliersee, im Hegemond 2017*

De Böck vom Königswald'l

Unterhalb vom Kalkofen, der Nordseite vom Schaffelberg, liegt das Königswald'l.

Begrenzt im Norden durch eine ehemalige Kaserne, jetzt Natoschule, und von der fast senkrechten Felswand, dem Kalkofen, im Süden, ist der kleine Bergwald ein idealer Platz für erfolgreiche und erlebnisreiche Ansitze. Hier standen zwei einfache Leitern in schmalen Waldschneisen, die als Äsungsstreifen gepflegt wurden.

An einem schwülen Samstagnachmittag im Blattmonat Juli war ich mit einem Jagdgast, einem Realschuldirektor, zum gemeinsamen Ansitz verabredet.

Ich parkte meinen unverwüstlichen Suzuki 413, viele Jäger werden diesem zuverlässigen Auto nachweinen, unten an der Rehwildfütterung, welche ich später in dem Buch beschrieben habe, ließ meinen BGS-Rüden „Birko" aus dem Auto und packte meine Utensilien zusammen. Natürlich war auch eine deftige Brotzeit – auf'm Hochsitz schmeckt's halt am besten – im Rucksack.

Wie ich so am Z'sammpackln war, ist auch der Jagdgast, der Rainer, eingetroffen. Nach einer kurzen und herzlichen Begrüßung, schließlich war er der Biologielehrer meines Sohnes, gab's noch eine kurze Einweisung. Da es noch rechtzeitig am Nachmittag war, pirschten wir ganz ohne Eile zu den Ansitzen, immer wieder verhoffend, da das Auge des geschulten Biologen immer wieder Kräuter und Pflanzen entdeckte, welche in der freien Natur durch intensive Bewirtschaftung und Nutzung immer seltener wurden oder gar ausgestorben sind. Mein BGS, welcher beim Pirschen grundsätzlich an der Rucksackleine ging, verwies die eine oder andere Rehwildfährte. Im Sommer war hier kaum Rotwild anzutreffen, was sich allerdings in der äsungsarmen Zeit schlagartig änderte.

Selbst Gams – ich werde später noch darauf zurückkommen – geben hie und da ihr Debüt.

Durch die Schwüle, die sich auch im Wald breitmachte, waren auch die Plagegeister, wie Mücken und Bremsen, aktiv. Gottlob hatte ich meinen Rüden und mich mit meinem bewährten Hausmittel eingerieben, sodass wir von größeren Stich- und Beißattacken verschont blieben. Langsam und immer wieder lusend stehend, pirschten wir nun den beiden Ansitzleitern zu. Nachdem ich Rainer auf dem „Grabensitz" – er hatte den Namen von dem mit Bruchstein gemauerten Wassergraben entlang der Kaserne und lag kurz hinter dem Sitz –, eingewiesen hatte, ging ich zu meinem Sitz.

Am Fuße der Leiter legte ich meinen treuen Jagdgefährten „Birko", nicht ohne ihn noch mal mein Hausmittel angedeihen zu lassen, ab und bestieg vorsichtig den Sitz. Ich richtete mich bequem ein, stellte mein „Steyrmadl'", die .243 Win in die Ecke und legte mir mein 8x56er Optolyth auf der Bank zurecht, nachdem ich einen Rundblick gewagt hatte. Aber außer dem Surren der überall vorhandenen Mücken und dem Gezeter einer Amsel störte keiner den Waldfrieden.

So konnte ich ungeniert meine jagerische Brotzeit, ich hatte heute noch nicht zu Mittag gegessen und nun einen Mordshunger, auspacken und genießen. Auf jedem unserer Hochsitze und selbst auf der einfachsten Hock war an der Stirnseite ein Brett angebracht, unser Jagdherr war ein passionierter Brotzeitmacher, auf dem ich nun meine Brotzeit ausbreitete. A guads Bauernbrot, a Stück'l Geräucht's und a Trumm von der selber gemachten Hirschsalami, Herz was willst du mehr. Nach der ausgiebigen und schmackhaften Labung verweilte ich noch eine kurze Zeit, ehe ich meinen „Demmel" Rehblatter aus meiner Tegernseer Lodenjoppe fingerte und die ersten zaghaften Fieptöne in den Bergwald schickte.

Vor mir lag eine schmale Waldschneise, eine ehemalige Rückegasse, auf der die verschiedensten Waldblumen und Wildkräuter blühten und den Schmetterlingen und Waldbienen als Nahrung dienten.

Aber auch das Rehwild naschte gerne an den Kräutern und frischen Blüten und Knospen. Nach den ersten zaghaften Fieptönen ahmte ich nun mit einen Piu-Piu eine Rehgeiß nach. Nach mehrmaligem Rufen und Schrecken glaubte ich, aus dem Augenwinkel heraus eine Bewegung am rechten Waldrand auszumachen.

Bedächtig, die Luft anhaltend, drehte ich den Kopf in die Richtung, tatsächlich hinter der Haselnussstaud'n war ein roter Fleck. Langsam, fast schleichend zog der mittelalte Bock auf die schmale, grasbewachsene Lichtung.

Noch stand er sichernd am Rand, ehe er weiter auf die Lichtung austrat. Immer noch stand er nicht ganz frei, ich fingerte mir meine Steyr-Mannlicher mit dem 6x42er-Zeiss aus der Ecke und ging dem Bock von oben her ins Leben, mittlerweile stand er auf ca. 100 m vollkommen frei auf der Lichtung. Vorsichtig zog ich den Stecher – ich verwende nur Deutsche Stecher –, bevor ich das Züngel vom Abzug nur leicht berührte. Mit einem kurzen Knall schickte die Steyrin ihr todbringendes Blei auf die Reise.

Der Bock quittierte die Kugel mit einer kurzen Flucht. Kurz vorm Waldrand brach er zusammen und ein kurzes Schlegeln mit den Läufen beendete sein Erdendasein. Ich hatte nach dem Schuss, gewohnheitsmäßig, sofort nachrepetiert, aber nun sicherte ich die Büchse und stellt sie wieder in die Ecke. Ich gewährte der Kreatur noch eine kurze Zeit und rauchte derweil meine kleine Revierpfeife. Nach'm Schuss pressiert's nimmer, hatte mir mein alter Freund und Jagdprinz, da unvergessene „Jaga-Max", ein Berufsjäger vom alten Schrot und Korn, einer leider aussterbenden Spezies, immer gesagt. Vieles, wenn nicht sogar alles, was ich über die Jagd und die gerechte Führung eines Bayrischen Gebirgsschweißhund weiß, habe ich von ihm gelernt.

Wie vereinbart, kam nach dem Schuss mein Jagdgast zum Hochsitz. Derweil baumte ich ab, nahm meinen BGS und ging langsam, die Büchse in der Hand, zum Anschuss. Hier war jede Menge Schweiß, Lungenschweiß, zu finden, meine Steyrin hatte ganz Arbeit geleistet. Zum Bock führte eine gut sichtbare Schweißfährte.

Ich legte Birko in einiger Entfernung ab und trat zum längst verendeten Bock. Bevor es an die rote Arbeit ging, bekam der Bock seinen „letzten Bissen" und mein Hut einen kleinen Erlegerbruch.

Mein Jagdgast und ich hielten noch eine kurze Totenwacht, wie es halt Tradition und Ehrfurcht vor der Kreatur verlangen, dann verstauten wir den Bock in meinem grünen, aus Segeltuch geschneiderten Bergjager-Rucksack und machten uns auf den Rückweg. Am Auto angekommen, wurde nun der Rest meiner reichhaltigen Brotzeit redlich geteilt und die mitgebrachte Hopfenkaltschale genossen.

Da Buachnsitz

Am Rand vom „Glashütt'n-Steig", einem vergrasten Pfad, der über den Rehbreinkopf auf die längst aufgelassene Rehbreinalm führte, stand eine mächtige Buche. In den letzten Jahren wurde rundum massivst Holz, überwiegend Fichte, eingeschlagen. So stand nun die Buche als „Solitärbaum" vor der aufkommenden Naturverjüngung auf dem Weg.

Hans, unser Jagdherr, obwohl er dieses Wort gar nicht gerne hörte, meinte einmal beim Vorbeifahren: „Toni, des war doch a Platz für a Leiter." Und so haben wir dann an den folgenden Wochenenden dort eine überdachte Leiter gebaut. Vor der Leiter lag eine gut einsehbare Waldschneise, die wir dann auch noch mähten, um bessere Äsung zu erhalten. Links davon war eine Fichtenverjüngung, welche durch einen 2 m hohen Zaun geschützt wurde. Rechts an der Schneise schloss sich ein lichter Fichtenaltbestand an.

Vom Sitz der Leiter hatte man einen weiten Blick über den Dietzenmoosgraben hinauf zum „Erdbeerschlag", der in diesem Buch ebenfalls noch eine Rolle spielen wird. Dieser Steilhang, der wirklich so steil war, dass man im Stehen Gras fressen konnte, so die Aussage eines befreundeten Berufsjägers, hatte seinen Namen von den vielen Walderdbeeren, die hier wuchsen. Hier stellte sich im Herbst auch gerne das Rotwild ein.

Es war ein glasklarer Junimorgen, als ich wieder einmal ins Revier fuhr. Langsam schnurrte mein Susi (Suzuki 413), wie ich meinen unverwüstlichen Jagdhelfer nannte, die steile Forststraße, vorbei an reichblühenden Bergwiesen, in Richtung „Protzenau" hinauf. Bereits beim Anfahren tauchte im Scheinwerferlicht meines Jeeps ein kleiner Sprung Rehe auf, die sich aber, weil in sicherer Entfernung zur Straße, beim Äsen nicht stören ließen. Mein Ziel war heute der neue Buchensitz, „Buachnsitz“, wie wir ihn getauft hatten, ich wollte dort heute den ersten Ansitz machen.

Dort angekommen, stellte ich meinen Wagen, gut gedeckt hinter einem Holzganter, ab, ließ meinen BGS-Rüden „Birko“ aus dem Wagen, fingerte meinen Rucksack vom Rücksitz, löste meine Bockbüchsflinte „Krieghoff“ 16x70, 7x57 aus der Halterung und pirschte in Richtung Buchensitz.

Links und rechts vom Weg wuchsen bereits wieder fast hüfthohe Jungfichten und Buchen. Noch war es dunkel, aber der sternklare Himmel lieferte genügend Licht für ein geübtes Jägerauge, ohne Taschenlampe den Weg zu finden.

Am Sitz legte ich meinen treuen Jagdgefährten, wie gewohnt, am Fuß der Leiter frei ab und baumte vorsichtig auf. Oben legte ich mir meinen Filzfleck, hab' ich mir von einem jagerischen Freud abg'schaut, untern Spiegel und hüllte mich in meinen Lodenkotzen. Es blieb noch Zeit für ein kurzes Knapperl (Schläfchen).

Langsam wurde es über dem Bergwald heller und ein goldener Reif am Horizont kündete einen herrlichen Junitag an. Langsam erwachte auch die Vogelwelt und stimmte ein wunderbares und vielstimmiges Konzert an.

Ein Eichelhäher, Nusskratsch'n, wia mas bei uns hoast, strich an mir vorüber und baumte in einer alten, wetterzerzausten Fichte auf und ich beobachtete ihn bei der Pflege seines Federkleids, das wie ein geschliffener Opal in der aufgehenden Sonne glänzte. Mit dem ganzen Schauen und Beobachten wäre mir um ein Haar der heimliche Bock entgangen, der nahe am Zaun der Fichtenschonung auf die Waldschneise zuzog.

Mein BGS hatte den Bock bereits längst im Wind, zog dieser doch keine 20 Meter am Hochsitz vorbei. Mein Herz fing an zu rasen, weil ich nicht wusste, wie mein BGS reagieren würde, aber der nervenstarke Rüde zitterte vor Erregung zwar am ganzen Körper, blieb aber dennoch ganz ruhig auf seinem Platz liegen.

Bei dem Bock, der nun durch das wadlhohe Gras auf die Lichtung zog, um dort an den reichlich vorhandenen Blüten und Knospen zu äsen, handelte es sich um einen mittelalten Bock, dessen rechte Stange kurz vereckt und die linke nur einen handhohen Spieß zeigte.

Ich griff nach meiner BBF (Bockbüchsflinte), ging dem breitstehenden Bock ins Leben und trug ihm die Kugel an. Der Bock zeichnete und machte ein paar Fluchten in den nahestehenden Hochwald. Beim Knall der Büchse war nun auch mein BGS plötzlich lebendig geworden und erhob sich kurz von seinem Platz. Als er merkte, dass sein Herrl noch keine Anstalten machte zu gehen, ließ er sich wieder nieder. Wie gewohnt, zündete ich mir mein Decklpfeiferl an und paffte noch genüsslich mein „Capitan Black", den ich von einem amerikanischen Freund bekommen hatte.

Nach dieser kleinen Pause ging ich dann mit meinem Hund in Richtung Anschuss, wo ich hellroten Schweiß fand. Ich legte meinen BGS ab und ging der gut sichtbaren Wundfährte nach. Unter einem Wurzelteller lag der längst verendete Bock. Nach der roten Arbeit verstaute ich den Bock in meinem Bergjager-Rucksack und ging gemächlich zum Auto. Der unnachahmliche Duft des Bergwaldes, ein Gemisch aus frisch geschlagenem Holz, feuchtem Waldboden und blühenden Kräutern, stieg mir in die Nase. Ich hielt kurz inne und zog die frische und würzige Luft tief in meine Lungen.

Ein herrlicher Tag begann und ich freute mich nun schon auf das gemeinsame Frühstück mit meiner lieben Frau.

Der Namenstagsbock

Es war der 10. Juni, im Rehbockmonat, als ich wieder in unser Oberammergauer Revier fuhr. Es war noch dunkel, halb vier Uhr morgens, als ich mit meinem Suzuki mein Haus in Garmisch verließ. Seit Wochen hatte es nicht mehr geregnet und der Wald war zundertrocken. Nicht gerade ideale Voraussetzungen für eine Morgenpirsch. Aber ich hatte mir vorgenommen, an meinem Namenstag, dem 13. Juni, Antoni-Tag, der bei uns ein halber Feiertag ist, meinen Gästen einen Rehbraten zu kredenzen. Kochen ist außer Jagen noch meine zweite Leidenschaft.

Hoch über Partenkirchen steht ein kleines Franziskaner-Kloster mit einer kleinen barocken Wallfahrtskirche, die dem Hl. Antonius geweiht ist. Am Antonitag wird hier von dem Weihbischof eine große Freilichtmesse gehalten, zu der viele Gläubige aus nah und fern sowie alle, die den Namen Antonia, Anton oder Toni tragen, pilgern. Aber das nur zur Erklärung des halben Feiertages.

Ich fuhr gen Oberammergau, um mich am „Brotzeitsitz", welcher bereits in diesem Buch erwähnt wurde, anzusitzn. Im Königswald'l stehen immer wieder passable Böcke und auf einen solchen wollte ich waidwerken.

Meinen Suzuki ließ ich bereits sehr weit unten stehen, mein BGS-Rüde „Birko" sprang aus der geöffneten Hecktüre, ich schulterte meinen .308 Repetierer, hing mir mein Optolyth-Glas um und pirschte vorsichtig in Richtung „Brotzeitsitz".

Trotz der Dunkelheit vermied ich es, meine Taschenlampe, eine alte Bundeswehr-Handleuchte, einzuschalten. Das Licht der nahe gelegenen Natoschule sollte reichen. Ich war noch keine 100 Meter gepirscht, als unter meinen schweren Bergstiefeln ein trockener Ast knackend zerbrach.

Mit angehaltenem Atem, den Hl. Hubertus um Hilfe anrufend, verharrte ich auf der Stelle und lauschte angestrengt in den Bergwald hinein. Aber zum Glück schien das Knacken des brechenden Astes kein Alarmzeichen gewesen zu sein, alles blieb ruhig und nun fingerte ich doch meine alte Bundeswehr-Handlampe mit den verstellbaren Blendspiegeln aus meiner Lodenjoppe.

Vorsichtig, meine schweren Bergschuhe behutsam auf den Waldboden aufsetzend, pirschte ich weiter zu meinem auserkorenen Ziel, dem Brotzeitsitz. Dort angekommen, legte ich „Birko“ am Fuß der Leiter ab und stieg nach oben. Ich richtete mich ein, und da es noch dunkel war, konnte ich auch einen kurzen „Hochsitzknapper“ wagen. Der Wald schlief noch und so machte ich es ihm gleich, obwohl immer ein Ohr zum Lusen offen war.

Vom Berg her wehte ein lauer, fast warmer Fallwind, sodass es mir in meiner Tegernseer-Jägerjoppe fast zu warm wurde. Von Oberammergau her hörte ich die Kirchenglocken, es schlug halb fünf, langsam zog die Morgendämmerung auch in den Hochwald und ich wurde nun Gast eines wundervollen Vogelkonzerts. Eine Amsel auf dem Schlehdornstrauch begrüßte lautstark den neuen Tag. Der Schwarzspecht suchte in einem absterbenden Fichtenstamm hämmernd nach seinem Frühstück.

Langsam schickte nun die aufgehende Sonne ihre Strahlen über den Aufackergrat und tauchte den Bergwald in ein fahles Licht. Nun hieß es auf der Hut sein, denn der heimliche Bock, dem mein Interesse galt, war ein äußerst vorsichtiger Zeitgenosse. Bei vorangegangenen Ansitzen war er immer nur ganz kurz zu sehen gewesen.

Ein kurzer Blick zu meinem BGS zeigte mir, dass etwas im Anmarsch sein musste, er windete sichernd nach oben in Richtung Salzlecke, die etwas versteckt hinter ein paar Haselnussstauden stand.

Behutsam setzte ich mein 8x56er Optolyth an die Augen und glaste die Stelle ab. Aber trotz aller Anstrengung konnte ich dort nichts entdecken. Ein kurzer Brummer aus der Brust meines Rüden ließ mich aufhorchen.

Dieser Schlauberger von Rehbock hatte es doch tatsächlich geschafft, unbemerkt bis etwa 10 Meter an den Hochsitz heranzuschleichen. Jetzt nur nicht rühren, schoss es mir durch den Kopf, aber ich hatte den Gedanken noch gar nicht zu Ende gebracht, sprang der Bock schreckend ab. Ich sah meinen Rehbraten bereits verloren.

Da ich mir aber heute freigenommen hatte und somit keine Eile bestand, blieb ich einfach ruhig hocken und genoss die laue Morgenluft mit ihrem Duft aus blühenden Sträuchern und Kräutern.

Ach, Ihr lieben Stooderer (Städter), was entgeht Euch in Euren Betonschluchten und Asphaltbahnen in der Großstadt. Ich kann Euch gut verstehen, wenn ihr am Wochenende stundenlange Staus auf Euch nehmt, um nur einen Bruchteil unserer Natur zu erleben. Bitte achtet auf die Natur, denn was einmal kaputt gemacht und zerstört wurde, lässt sich nur schwer oder gar nicht mehr wiederherstellen.

Es mag vielleicht eine halbe Stunde vergangen sein, als ich oben am Waldrand den Bock wieder austreten sah.

Nun galt's. Ein kurzes Ansprechen, ja es war der gesuchte, dann ein Griff zu meinem 308.Repetierer, gebaut vom Josef Just in Ferlach, als das Absehen 4 meines Zielfernrohres auf dem Blatt stand, schickte ich die 150 Grain Rem. auf die Reise. Eine kurze Flucht und der Bock ging ins Wundbett. Wie gewohnt, lud ich sofort nach, aber der Bock war bereits verendet.

Nach meiner mir selbst auferlegten Pause, stieg ich zum Bock auf, beim Angehen brach ich von einer Fichte noch ein paar

Zweige für den letzten Bissen und den Erlegerbruch. Mein Birko und ich hielten noch eine kurze Totenwacht, bevor wir uns mit unserer Beute auf den Rückweg machten.

Der Bock war geschätzte 7 Jahre und hatte ein kurzes und gut geperltes Gwicht'l.

An meinem Namenstag gab es dann, außer der Geschichte, eine gute und schmackhafte Suppe mit Rehleberknödeln und einen vorzüglichen Rehbraten mit Butterspätzle und Schokoladenblaukraut.

Gams am Schaffelberg

Es war der 19. Dezember, der Rotwildabschuss war so gut wie erledigt, aber bei den Gams sollten noch das eine oder andere alte Stück und Kitz erlegt werden.

In den letzten Tagen fiel immer wieder Schnee, was die Gamsjagerei nicht grad leichter machte. Trotzdem waren mein Jagdkamerad Beni und ich ständig auf den Läufen, um doch noch den Abschuss zu erfüllen. In aller Fruah erreichte mich dann ein Anruf von Beni, er war gestern noch unterwegs am Schaffelberg und hatte in der Kapplwand drei Gams und ein Kitz geschossen. Während er die Gams allesamt bergen konnte, hat sich das Kitz auf einem schmalen Felsenbandl niedergetan und war unerreichbar. Ohne Sicherung durch einen zweiten Mann war die Bergung in der verschneiten und vereisten Felswand lebensgefährlich.

Also verabredeten wir uns für 8 Uhr früh, um dann gemeinsam in die Kapplwand einzusteigen. Ausgerüstet mit Bergseil und Steigeisen (Grödeln) ging's dann Richtung Anschuss, denn von dort konnte man auf die gegenüberliegende Wand einsteigen. Oben angekommen, mussten wir ein kurzes Haberl einlegen, um zu verschnaufen. Der Anstieg durch den nun fast knietiefen Schnee war ganz schön kräftezehrend und schweißtreibend.

Zum Glück hatte es mittlerweile auch aufgehört zu schneien, aber es war bitterkalt. Von unserem Standort aus konnten wir das Gamskitz, welches längst verendet war, ausmachen, Beni war ein hervorragender Schütze und so hatten wir Gewissheit, dass das Kitz nicht hatte leiden müssen. Zum Glück hatten die Kolkraben, welche nun überall nach Fressbarem suchten, das Kitz noch nicht entdeckt. Beni und ich schnallten uns die Grödeln an die schweren Bergstiefel, Beni legte sich auch das Bergseil an und querte, gesichert durch mich, den Graben, um auf

Wetterstein-Massiv mit Dreierspitze, Partenkirchen

Blick ins Revier, Partenkirchen

Revier Partenkirchen, Blick zum Wetterstein-Massiv

Schweitzer-Wiese mit Blick auf Alpspitze und Zugspitze

die gegenüberliegende, fast senkrecht abfallende Felswand zu gelangen.

Jetzt begann der schwierigste und auch gefährlichste Teil der Bergung, doch wer schießt, der birgt auch, das war unsere Devise und so habe ich es auch gelernt. Leider ist das heute bei manchem „Jäger" nicht mehr selbstverständlich. Das Felsenbandl, auf dem sich das Kitz niedergetan hatte, war weniger als einen halben Meter breit und dazu noch vereist. Ein Fehltritt von Beni hätte fatale Folgen gehabt. Schritt für Schritt, wenn man überhaupt von Schritten reden konnte, setzte Beni die Spitzen der Steigeisen in das Eis und näherte sich dem unter einer kleinen Schneehaube liegenden Gamskitz. Als er auf Bergsteckenlänge heran war, versuchte er, das Kitz vom Felsenbandl zu hebeln. Doch das Kitz war durch die schwindende Körperwärme auf dem Felsen festgefroren. Nach einer schier unendlich erscheinenden Zeit gelang ihm dann doch, das Kitz von ihrem Platz auszuhebeln, und es fiel fast 50 Meter im freien Fall in den tief verschneiten Graben. Huberti und allen Heiligen sei Dank, dass die Bergung gut ausgegangen ist. Jetzt nur noch versorgen und durch den Graben ins Tal.

Dort, bei unseren Fahrzeugen angekommen, verabschiedeten wir uns, Beni musste dringend in die Arbeit und ich fuhr zur Kalkofenwand, einer ebenfalls steilabfallenden, leicht überhängenden Felswand, über der immer wieder alte Gams und auch starke Böcke bestätigt wurden. Vor dieser Wand hatten wir im Sommer eine kleine Hock gebaut, in der ich mich nun einschob. Von hier aus konnte ich die ganze Ostseite des Schaffelberges überschauen.

Ich hatte noch mein durchgeschwitztes Unterhemd und meine Pfoad (Hemd) gegen trockene Sachen getauscht – Wechselwäsche ist für Bergjager ein absolutes Muss, will man seine Gesundheit nicht ruinieren. Als ich fast eine Stunde so gesessen war, bemerkte ich oben am Waldrand weit über der Felskante eine Bewegung. Ich griff mir mein Swarovsky-Spektiv und nahm die Gams ins Glas. Es war eine alte, nicht führende Gais. Das Spektiv gegen meine .308 zu tauschen, war eine reine Reflexbewegung. Just in dem Moment, als mein Absehen 4 auf dem Blatt der breitstehenden Gams stand, tupfte ich kurz den Abzug. Die Gais quittierte den Erhalt der Kugel mit einem kurzen Rucken und spreizte alle vier Läufe in den Boden, um dann mit einem Beben, das den ganzen Wildkörper zu erfassen schien, ins Wundbett zu gehen. Alle Jagdheiligen und sonstigen Nothelfer, bitte nicht noch mal das Spiel von heute Vormittag. Urplötzlich ging noch mal ein letztes Rucken durch den Körper und die Gams kam in einer kleinen Schneelawine und fiel über die überhängende Wand herunter.

Meine Freude kaum bewältigend, stapfte ich durch den Tiefschnee zu der Stelle, wo die Gams liegen musste. Nach etwa 100 Gängen stand ich vor einer enggestellten, alten Gais, deren Gesäuge schon längst verkümmert war.

Ein ereignisreicher, jagerischer Tag ging zu Ende, für den ich sehr dankbar war. Wie reich sind wir, die Jäger und wahren Forstleute, die sich heute noch in der freien Natur bewegen und in ihr und mit ihr leben dürfen.

Danken möchte ich an dieser Stelle meiner leider all zu früh verstorbenen lieben Frau Karin, die immer ein offenes Ohr für meine jagerische Leidenschaft hatte und mir geschäftlich immer den Rücken frei hielt, wenn's mich in die Natur zog. Sie selbst nahm jede Gelegenheit wahr, um mich auf unsere Hütte zu begleiten und die Natur zu genießen. Vergelt's Gott, mein Schatz.

Wenn Sie diese Zeilen lesen, bedenken Sie bitte, dass die Natur in ihrer einzigartigen Pracht, wenn sie durch uns zerstört wird, nie mehr in ihrer Vielfalt und Schönheit zurückkehren wird.

Wia schee san de Gams'lan
de Hirsch und de Reh'
wenn se gras'n und springa
im Gebirg und auf da Höh'
se liabn se ananda
und bussln se o
und treu in de Äuglan
ananda se schaugn

Da drobm auf da Goaßwand
da stehn se beinand
De Goas und de Kitzlan
des is allerhand
de Goaß schlogt de Kitzlan
voller Freid umanand

Drauf kimmt so a Wuid-
schütz
bringt s Muttala um
wias Bluat rinnt und foid
no an Blick auf de kloan
san de Äuglan vui Wasser
duad s Muttaherz woan

De Kitzlan stehn um de Mutta
Ganz g'schreckt
Drauf hod se voller Liab no
Zum letzten Moi blickt.

Es höll deifes Wuiderer
Wos foid eich denn ei
Kennt's gar nimmer anders
Ois reiberisch sei

Kennt's wuidern ned lass'n
Dann zuit's auf de Böck
Aba schiaßt de kloan Kitzlan
Sei Mutta ned weg.

Ein bayrisches Volkslied

Wie alles begann

Eigentlich stammte ich aus einer alten Jägerfamilie, nur mein Vater machte da eine Ausnahme, da er im Krieg an der Front gewesen war und sich geschworen hatte, nie mehr eine Waffe in die Hand zu nehmen. So war doch ein gewaltiger Schuss Jagabluad in meinen Adern. Mein Großvater väterlicherseits und seine Brüder waren Jäger mit Herz und Verstand. Mein Großvater war zudem auch noch Gastwirt und so habe ich auch diese Gene in mir. Ich bin zwar kein Gastwirt, aber ich bewirte und koche leidenschaftlich gern.

Als nun eines Tages vor meinem Büro, das ich in dem Haus meines späteren Jagdherrn und Freund hatte, dieser mit seiner Familie aus dem Auto stieg und ein Bayerischer Gebirgsschweißhund heraussprang, sagte meine Frau: „Genau so an Hund mechat ma aa hom. Des waar doch aa wos für uns."

Also ich nichts wie raus aus dem Tempel und gefragt, wo er denn den Hund her hatte. Er rief seine Frau: „Du Marianne, wo is denn de neue Pirsch?" Flugs kramten sie den Kofferraum ihres BMW aus und da lag die neueste Ausgabe der „Pirsch". „Schaugt's amoi, da is eine Anzeige drin, der verkauft junge BGS."

So stöberten meine Frau und ich die Pirsch durch und wurden bald auch fündig. Während eines kurzen Telefonats mit dem Züchter verabredeten wir einen Besuchstermin.

Am nächsten Wochenende ging's dann mit unserem Sohn Florian nach Oberreute bei Oberstaufen.

Dort angekommen, wurden wir vom Züchter und seiner Frau recht herzlich begrüßt und sogleich in den Garten geführt. In einem vorbildlich angelegten Zwinger empfing uns die Hundemutter mitsamt ihrer Rasselbande.

Da ich schon eine ganz konkrete Vorstellung hatte, war die Wahl nicht sonderlich schwer und auch der ausgesuchte Welpe, ein Rüde mit schwarzer Maske, schien mit der Wahl einverstanden. Er fand in unserem damals 8-jährigen Sohn sogleich einen Spielkameraden.

Da aber die Welpen allesamt noch nicht geimpft und auch das Abgabealter noch nicht erreicht hatten, fuhren wir nach einer gemütlichen Kaffeerunde wieder nach Garmisch, nicht jedoch ohne unser neues Familienmitglied auf den Namen „Birko" zu taufen.

Jetzt hieß es halt warten, ich weiß nicht mehr, wer dem Abholtag mehr entgegenfieberte, unser Sohn, der sich natürlich auf seinen neuen, vermeintlichen Spielkameraden freute, oder meine Frau und ich.

Endlich war es soweit, der Tag der Abholung war gekommen und so fuhren wir durch das tirolerische Tannheimer Tal über die malerisch gelegene Bergstrecke Schattwald in Tirol nach Oberreute. Durch das häufige „Fahrtraining" des Züchters erwies sich unser neues Familienmitglied als absolut autotauglich. Nach einem angenehmen Aufenthalt in Oberreute mit viel Fachsimpelei ging's dann wieder Richtung Heimat, allerdings nicht ohne gute Ratschläge und Frischfutter für unseren Familienzuwachs. Der Züchter arbeitete in einem Wildverarbeitungsbetrieb und so war frisches Futter keine Mangelware.

Mein Sohn und ich saßen auf der Rückbank und meine Frau steuerte unseren Mercedes 200 durch die aufkommende Nacht wieder der Heimat zu.

Kurz vor der deutsch/tirolerischen Grenze, damals gab es ja noch Grenzstellen, packte ich unseren kleinen BGS-Welpen in meine grüne Lodenkotze, da ein Mitführen von Hunden ohne amtliche Papiere damals ja nicht erlaubt war, und legte ihn zwischen meinen Sohn und mir.

An der tirolerischen Grenze fragte dann der Gendarmerieposten, ob wir was zu verzollen oder anzumelden hätten. Just in dem Moment fing nun der Welpe an zu winseln. Nur ein energisches „Flori, sei hod a moi staad" von meiner Frau übertönten die leisen Laute. Und so konnten wir ungehindert heimwärts fahren.

Birko wurde 14 Jahre alt und war mir immer ein treuer und braver Weggefährte und Jagdkamerad.

HoRüdHo dir „Birko".

So fing es an und es geht im nächsten Kapitel weiter.

„Cito" in einer Rotwildfütterung, Partenkirchen

Der Hirsch vom Schweitzer, Partenkirchen

Bräumeister-Wiese, Partenkirchen

Mein Partenkirchen-Hirsch

Das Oberammergauer Revier

Mein Freund Hans hatte ja im Tirolerischen eine herrliche Bergjagd gepachtet und wollte nun auch in seiner Heimat, im schönen Werdenfelser Landl, eine Jagd pachten. Die Wahl fiel auf Oberammergau.

Eines Tages, wir waren damals noch per Sie und ich immer noch mit meinem Büro Mieter in seinem Garmischer Haus, kam er und fragte mich, ob ich nicht Lust hätte, in seinem neuen Revier als Jagdaufseher mitzugehen. Mein Herz machte einen riesigen Hupfer, eine solche Möglichkeit, noch dazu als Jungjäger, war wie ein Sechser im Lotto. Selbstverständlich musste ich das noch mit meiner Frau absprechen, war das doch eine Entscheidung, die auch unser Familienleben beeinflusste.

Mit der Zustimmung brauchte ich nicht lange zu warten, wusste meine Frau doch um meine jagdliche Passion und jagdliche Erbmasse. So ging's schon am darauffolgenden Wochenende in das neue Revier, um die ersten Erkundungen und Eindrücke zu sammeln. Da es schon spät im Jahr war, mussten auch geeignete Futterplätze festgelegt werden, da vom Vorpächter dies alles vernachlässigt worden war.

Die Futterplätze für das Rotwild konnten nur mit schwerem Gerät und dem Bulldog angefahren werden – und dies auch nur, wenn der Boden zundertrocken war. Zudem waren die Futterstellen meist an sehr steilen Hängen, den Wiesmahdhängen, eingerichtet. Für dieses Jahr war eine Verlegung also nicht mehr möglich.

Lediglich hinter dem Schaffelberg, auf der Nordseite, konnten wir eine neue Rehwildfütterung einrichten. Es kam der Tag, als Hans mich anrief und mir sagte, dass am kommenden Wochenende nun endlich die Futterhütte, die er vorgefertigt aus München mitbrachte, aufgestellt werden könnte. Das hatte auch Petrus vernommen und für das Wochenende viel Schnee, Wind und eisige Kälte geschickt.

So bauten wir dann im Schneegestöber die Futterhütte auf, es war so kalt, dass einem der Hammer schier in der Hand gefror. Der Wind tat sein Übriges, aber wir ließen uns nicht unterkriegen, musste die Hütte doch fertig werden, um das Rehwild bis zur Fütterungszeit, die ja bereits vor der Tür stand, zu gewöhnen.

Nach schier endlosen 8 Stunden stand nun die Hütte und wir waren halb erfroren und steif, aber zufrieden. Eine schmackhafte Brotzeit mit einigen Hopfentropfen ließ uns die ganze Plackerei bald vergessen.

Es war keinesfalls zu früh, denn bereits 3 Wochen später, der Winter kam in diesem Jahr sehr früh, hatten wir eine geschlossene Schneedecke und jede Menge Neuschnee. Vor der Futterhütte hatten wir einen so genannten „Kälberzaun" gebaut, damit ja auch nur das Rehwild und das eine oder andere Rotwildkalb an das Futter kommen konnte. Für das Rotwild hatten wir im lichten Hochwald mehrere Futterbarren und Tröge aufgestellt.

Es dauerte nicht lange und das Rehwild hatte die Fütterung gut angenommen, was auch kein Wunder war, legten wir doch das STM 3 Wildfutter, das SKH Herzog Albecht von Bayern bereits mit großem Erfolg in seinem steirischen Revier wissenschaftlich getestet und gefüttert hatte, vor. Zu dem Erfolg mit diesem Futter und seinen Auswirkungen auf Wild und Wald komme ich später noch zu sprechen.

Dieser Platz unterhalb des Kalkofens ist ein brettlebener Geländeabschnitt und war während des Dritten Reiches als Schießplatz der nahegelegenen Kaserne genutzt worden. Dort etwas oberhalb war nun unsere neue Rehwildfütterung. Schon bald zeigte sich, dass sich das Rehwild aufgrund der Ruhe und des guten Futters im nahen Hochwald einstellte. Der Winter allerdings zeigte sich von seiner unerbittlichen Seite und dieser Platz erwies sich als wahres Schneeloch.

Sommerpirsch

Es war ein wunderschöner, sonniger Sommertag im Juni (Rehbockmonat) 1988.

Es war Mittwoch und ich hatte heute mit meiner Frau einen arbeitsfreien Tag. Gegen Mittag packten wir unseren neuen Nissan Terrano mit meinen Jagdutensilien und Verpflegung. Dann ging's Richtung Oberammergauer Revier. Von den zwölf Monaten im Jahr lag mir der Juni mit seinen hellen Tagen und lauen Nächten am besten. Langsam brummte der Terrano die Bergstraße, der Jagdhütte entgegen, hinauf. Links und rechts der Straße standen die Bergwiesen in voller Blüte, durch die heruntergekurbelten Seitenfenster drang der unverwechselbare Duft der Bergwiesen ins Innere unseres Wagens. Ich liebe diese Bergwelt und könnte nie woanders leben. I bin hoid a Gebirgler!

Endlich waren wir nun an unserer Jagdhütte, welche sehr komfortabel eingerichtet war, angelangt. Sie lag auf einer kleinen Waldlichtung am Rande eines Steiges zu den „Drei Marken", einem Hochleger an dem drei Reviere aneinandergrenzten.

Bis vor einem Jahr konnte die Hütte nur über einen schlecht ausgebauten und verfallenen Rückeweg zu Fuß erreicht werden. Aber unser unvergessener Jagdherr hat mit hohem finanziellem Aufwand eine für Geländefahrzeuge befahrbare Straße schieben lassen. So konnte nun alles, was auf der Jagdhütte gebraucht wurde, mit dem Auto angeliefert werden, was sich beim späteren Ausbau als unschätzbarer Vorteil erwies.

Als wir, meine Frau, unser BGS-Rüde Birko und ich, nun auf der Hütte angekommen waren, wurde erst einmal kräftig gelüftet, um den Hüttenmief gegen die frische und würzige Waldluft zu tauschen. Der mitgebrachte Gerstensaft wanderte in den Brunnentrog vor der Hütte, um dort auf seinen Verzehr zu warten. Hier vor der Hütte plätscherte Sommer wie Winter klares und frisches Bergquellwasser aus unserem Brunnen, welches wir fast 500 m weiter oben in einer Quellfassung auffingen.

Meine Frau braute mit dem köstlichen Quellwasser einen duftenden Kaffee, den wir zusammen mit dem mitgebrachten, selbstgebackenen Kuchen auf der Veranda vor der Hütte genossen. I kons eich garned beschreibm, wia guad aa so aa Kaffee in Gottes freier Natur schmeckt.

Nun war es aber an der Zeit, mich für die Nachmittagspirsch zu rüsten und meine Jagdklamotten zu packen. Meine geliebte Steyrin (.243 Win, Goiserer) geschultert, meinem Bergjager-Rucksack auf'm Buckel und meinen treuen Jagdgefährten „Birko" an meiner Seite pirschte ich über den Glashüttensteig in Richtung Rehbreinalm, einem verlassenen Hochleger. Ein guter und ruhiger Almboden auf dem sich auch das Rotwild gerne ein Stelldichein gab. Aber heute galt meine Jagd einem alten und heimlichen Rehbock mit kurzem, starkem und grob geperltem Gwichtl.

Langsam, Schritt für Schritt, pirschte ich nun den schmalen und fast verwachsenen Steig hinauf. Ab und zu blieb ich kurz stehen und luste in den Bergwald hinein. Ein Nusskratscher (Eichelhäher) ließ sich vernehmen. Dieser Vogel gilt ja als Wächter der Natur und der frei lebenden Tierwelt.

Schon so manches Mal hat er mir mit seinem typischen Warnruf den einen oder anderen Ansitz vergällt.

Mein BGS verwies mir auf dem verwachsenen Steig immer wieder frische Reh- und Rotwildfährten. Auf meinem nachmittäglichen Pirschgang kontrollierte ich auch die in der Nähe angebrachten Salzlecken.

Die Sonne meinte es gut mit uns und so kamen wir, mein BGS und ich, leicht ins Schwitzen. Da wir es ja nicht pressant hatten, legte ich im Schatten einer Wetterfichte eine kurze Rast ein. Der Duft der wildwachsenden Waldkräuter stieg mir in die Nase und so blieb ich eine ganze Weile, in mich hineinhorchend, dort hocken.

Aber ich wollte ja weiter zu unserem mächtigen Hochsitz auf der Rehbreinalm. So packte ich also meine Sachen und pirschte weiter. Birko trottete widerwillig neben mir her, wäre er doch allzu gern im Schatten der Wetterfichte geblieben.

Gerne saß ich auf dem mächtigen Hochsitz auf der Rehbreinalm, bot er doch aufgrund seiner Höhe von fast 13 Metern einen weiten Blick über den mit Almblumen und saftigem Grün bewachsenen Boden.

Meinen treuen Begleiter legte ich am Fuß der Leiter ab und stieg die steile Leiter hinauf. Oben angekommen, wechselte ich erstmal meine durchgeschwitzte Pfoad (Hemd) gegen ein trockenes aus. Nichts ist unangenehmer, als mit feuchtem Hemd auf einem Hocksitz zu sitzen, schnell kann's hier ungemütlich werden. Ein erfahrender Bergjäger hat immer Wechselwäsche im Rucksack. Meinen Filzfleck untern Hintern geschoben und dann erst einmal einen Schluck aus der mitgebrachten Flasche genommen und eine kleine Brotzeit genossen. Hier wollte ich nun bis zum Einbruch der Nacht auf den besagten Bock passen.

In unregelmäßigen Abständen glaste ich die vor mir liegende Almwiese ab, aber bis auf ein paar Bergdohlen war die Luft rein. Langsam senkte sich die Sonne hinter dem Ettaler Mandl und sendete ihre letzten wärmenden Strahlen Richtung Erde. Vom Unterland zog nun wie ein blauer Schleier die Dämmerung herauf. Nun hieß es aufpassen, denn der Bock, auf den ich passte, war ein alter und heimlicher Schlawiner. Die geringste Unachtsamkeit oder falsche Bewegung konnte ihn wieder in den Hochwald treiben.

Da, ganz am Rand in Richtung Staatswald, glaubte ich, eine Bewegung zu vernehmen. Ganz vorsichtig griff ich nach meinem 8x56 Optolyth und glaste in diese Richtung und tatsächlich stand dort der alte Bock mit seinem grauen Haupt. Vorsichtig sichernd zog er in Richtung der verfallenen Almhütte, für einen sicheren Schuss allerdings war er noch zu weit von mir entfernt. Längst hatte ich das Fernglas gegen meine Steyr ausgetauscht. Langsam zog der Bock nun weiter in meine Richtung, noch ein paar Meter und er war auf sichere Schussdistanz heran.

Langsam ging ich dem Bock von oben ins Leben und als er brettlbreit vorstand, ließ ich mein Steyrmadl sprechen. Der Bock quittierte den Erhalt der Kugel mit einer kurzen Flucht, ein kurzes Schlegeln und der Bock war im Rehhimmel. Gewohnheitsmäßig zündete ich mir mein kleines Revierpfeiferl an und zog den würzigen Rauch ein.

Nach einiger Zeit, es wurde nun schon dunkel, ging ich zu dem Bock, reichte ihm den letzten Bissen, und bevor ich an die rote Arbeit ging, betrachtete ich mir dankbar diesen alten Bock mit seinem kurzen und knuffigen Gwichtl. Nun war es aber höchste Eisenbahn, den Rückweg anzutreten, wollte ich nicht in völliger Dunkelheit den Abstieg zur Hütte wagen.

Schwer wog der Bock, den ich in meinem Bergjager-Rucksack verstaut hatte, und so musste ich meine schweren, zwiegenähten Bergschuhe kräftig in den Waldboden setzen, um nicht auf dem Hosenboden den Abstieg zu machen.

Von Weitem schon sah ich das Hüttenlicht brennen und freute mich nun auf eine deftige Brotzeit mit meiner geliebten Frau, die mich mit großem Hallo und Waidmannsheil vor der Hütte empfing. Lange saßen wir noch bei Kerzenlicht und sternenklarem Himmel vor der Hütte, vor uns die Brotzeit mit einem guten Bauernbrot, Speck und Bergkas. Natürlich durfte auch der im Brunnen gekühlte Gerstensaft nicht fehlen.

Die Geburtstagsgams

Hans, unser Jagdpächter, hatte ja auch noch im Tirolerischen eine wunderschöne und wildreiche Hochgebirgsjagd. Zu meinem runden Geburtstag – auch ich werde älter – lud mich Hans nun ein, bei ihm im Tirolerischen auf Gams zu jagern.

Als nun der besagte Tag kam, es war schon spät im Herbst, kübelte es wie aus Kannen. Ich konnte Hans, der bereits seit Tagen auf der Jagdhütte weilte, telefonisch nicht erreichen. Handys waren für ihn ein Gräuel.

So fasste ich dann doch den Entschluss, mich trotz des miesen Wetters von Garmisch aus in Richtung Tirol aufzumachen. Nur mühsam ging es voran, es regnete ununterbrochen, der Himmel hatte seine Schleusen weit geöffnet, scheinbar, um mir die Gamsjagerei zu vergrämen. Endlich hatte ich den Fernpass hinter mir, die Scheibenwischer hatten Mühe, den Regen von der Windschutzscheibe zu bekommen, und nun fiel auch noch Nebel – bei uns sagt man auch der „Gamswächter" – ein. Meine Laune sank nun gegen den Nullpunkt, aber umdrehen konnte ich auch nicht, da Hans mich ja erwartete. Im Stillen hatte ich schon mit dem heutigen Jagdtag abgeschlossen. Leise brummte mein unverwüstlicher Suzuki die Landstraße nach Zams hinunter, mein treuer Jagdgefährte „Cito", ein bildschöner BGS-Rüde edelster Abstammung, dem das Wetter offensichtlich auch zu schlecht war, schlief auf dem Rücksitz und schnarchte leise vor sich hin.

Langsam verwandelten sich die Regengüsse in dünnen, aber ergiebigen Landregen.

Endlich in Zams angekommen, führte nun eine steile, geteerte Bergstraße nach Grist, einem Bergbauerndorf in den Zamerbergen. Dort wollten wir uns, Hans, der Luis, sein Aufsichtsjager, und ich, bei der alten „Schulerin" treffen. Die Schulerin, eine nette alte Frau, hatte dort lange die kleine Dorfwirtschaft geführt, die jedoch nun geschlossen war. Nur Hans und seine Jaga kehrten dort noch zu und ließen sich von der Schulerin immer ein reichhaltiges Frühstück in der ehemaligen Wirtsküche bereiten.

Artig schnurrte mein Suzuki die steile und enge Bergstraße hinauf. Links und rechts der Straße bauten die Bauern Mais, das ihren Kühen als Winterfutter diente, an. Als ich nun endlich in den schulerischen Hof einfuhr, stand Hans kopfschüttelnd im Türrahmen der Eingangstüre und empfing mich mit den Worten „an Jaga kons Wedda ned schlecht gnua sei". Nach dieser herzlichen und freundschaftlichen Begrüßung traten wir in die warme Stube, wo Luis und die Schulerin schon mit dem Frühstück auf uns warteten.

Unsere Gastwirtin stellte eine große Kanne mit dampfendem Kaffee auf den Tisch und brachte uns frische Spiegeleier. Sie meinte: „ Buam, esst's, heit wird des eh nix mehr", und Luis, der erfahrene Bergjäger, stimmte ihr zu. So, nun war meine Laune und die Vorfreude auf eine erlebnis- und erfolgreiche Gamsjagd vollends am Boden. Lediglich Hans ließ sich nicht aus der Ruhe bringen und so frühstückten wir weiter.

Endlich drängte Hans zum Aufbruch und wir fuhren nun zu der herrlichen auf einem Almboden in 1600 m Höhe gelegenen Jagdhütte. Dort schlug uns aus der Kuchl wohlige Wärme entgegen, da Luis vorsorglich den Hüttenofen in Betrieb genommen hatte. Da es immer noch regnete, machten wir es uns drinnen gemütlich. Der Zeiger der Uhr zeigte schon fast auf Mittag, da meinte Hans, wir könnten doch eigentlich noch eine Brotzeit vertragen. Also gab es frische Weißwürste, die Hans aus München mitgebracht hatte, und frische Brezen. Auch der Hopfensaft durfte nicht fehlen. Zwischenzeitlich hatte es nun auch angefangen zu schneien und der Wind jagte die Schneeflocken über den Almboden.

Als der Luis das sah, meinte er in seiner ureigenen, trockenen Art: „Hans, des kannscht bleiba lass'n, mit da Jagerei, des isch grad umsonscht, wia in da Schual." Sprach's und verzog sich in seine Schlafkammer.

Hans jedoch drängte ganz energisch zum Aufbruch und so fuhren wir mit dem Toyota Landcruiser vom Hans über den Almboden weiter rauf zur „Meranzer-Alm", einem typischen Hochleger. Diese war allerdings um diese Zeit nicht mehr bewirtschaftet und das Almvieh längst in den heimischen Ställen.

Dort angekommen, mussten wir nun zu Fuß weiter durch einen lichten Zirbel-Altholzbestand. Nach einer guten Stunde Fußmarsch erreichten wir am Waldrand eine kleine, versteckte Bodenhock unter einer von Wind und Wetter zerzausten Zirbel. Leise räumten wir den frischen Schnee von der Sitzbank und richteten uns ein.

Vor uns lag ein weites, sanft geschwungenes Kar mit Latschen und Almrosen. Jetzt allerdings war alles dick mit Neuschnee bedeckt. Auf der gegenüberliegenden Seite ragte die Felswand fast senkrecht in den Himmel. Wir saßen fast eine geschlagene Stunde, der BGS vom Hans, „Chico", lag zu unseren Füßen. Plötzlich hörte der Schneefall auf und kurz danach brach die Sonne durch die Wolken. Es dauerte nicht lange und da zog ein ganzes „Scharl" Gams auf dem Gegenhang auf.

Hans glaste mit seinem Spektiv die Gegenseite ab und sagte dann zu mir: „Toni, ganz rechts obm steht aa oide Goas ohne Kitz, wenn's passt, dann schiass." Wie immer hatte ich meine Steyerin dabei und nun galt's. Ich ging der alten Geiß von oben her ins Leben und als das Absehen auf dem Wildkörper stand, schickte ich die Kugel auf die Reise. Die Gams zeichnete mit hoher Flucht, um kurz darauf im Neuschnee talwärts zu fahren. Hans schlug mir, begleitet von einem kräftigen Waidmannsheil, auf die Schulter: „Toni de host." Worauf ich ihm erwiderte: „Ja und des mit meiner .243 Win." Hans fiel fast vom Sitzbrett. „Wos, mit dem Wuislakaliber[1]?", war er doch ein überzeugter Anhänger seiner 8x68 Sauer.

„Ja, woast Du eigentlich, wia weit des war", fragte er mich ganz ungläubig, hatte er doch im Spektiv einen Entfernungsmesser. „Ja, weit war's scho", war meine Antwort, „da Gams war ziemlich kloa im Absehen." „Des waren 304 Meter kam die Antwort", was Hans aber nicht wusste, war, dass ich vorher die Waffe auf 250 Meter Fleck eingeschossen hatte. „Do wer'n ma jetz aa Problem kriagn", brummelte er in seinen nicht vorhanden Bart. Kopfschüttelnd packte Hans seine Sachen und dann machten wir uns auf den Weg über das tiefverschneite Kar.

Mühselig war der Weg, immer wieder einbrechend in die Latschen, der Schnee lag ja locker obenauf, nach einer Dreiviertel Stund' standen wir vor der mit einem sauberen Tiefblattschuss längst verendeten Gams. Die bockghackelten Krucken über den fast verblassten Zügeln zeigten 13 Jahrringe. So eine Beute machte eine ehrliche und tief empfundene Freude.

Als wir dann zur Hütte zurückkehrten, stand Luis schon ganz erwartungsvoll vor der Hüttentür. Groß war die Freude, als er die betagte Gams begutachtete und ihr liebevoll über die dunkle Winterdecke strich. „Waidmannsheil Toni, aber des muass jetz aa g'feiert wern." Noch so manche Halbe edlen Hopfentrunks ging an diesem Abend über den Tisch

„Vergelt's Gott, Hans"

[1] Wuislakaliber = kleines Kaliber

Der Wiesmahdhirsch

Wiesmahd is, wias der Name schon sagt, eine fruchtbare, mit Bergblumen und Heilkräutern besetzte Bergwiese. Unzählige Blumen und Kräuter verströmen ihren ganz typischen, würzigen Geruch. Früher dienten die Wiesmahdhänge der Futtergewinnung für die Landwirtschaft, waren im Tal doch die Äcker für den Feldfruchtanbau vorgesehen.

Gerade auf diese meist einmahdigen Wiesen zieht gern das Rotwild, um dort zu äsen, aber auch das Rehwild nascht gern von den frischen Kräutern und Knospen. Jetzt allerdings war das Heu eingebracht und die Bauern trieben noch mal ihre Schafe auf die Bergwiesen, bevor sie in den heimischen Ställen ihr Winterquartier bezogen.

Da ich in den letzten Tagen bei der Frühpirsch einen Hirsch aus'gschaugt und mein Jagdherr grünes Licht gegeben hatte, war ich nun jeden Tag auf den Läufen. Gestern hatte ich den Hirsch wieder ausgemacht, aber für einen sicheren Schuss war er einfach zu weit weg. Außerdem war auch der Gamshüter, wie wir den Nebel nannten, unterwegs. Heute jedoch sollte ich ihn dennoch kriegen.

Er war heute später als sonst auf den Läufen und in Begleitung von zwei Stuck, aber wiederum ganz oben am Rand der frischgemähten Bergwiese, für einen sicheren Schuss abermals zu weit. Auf allen Vieren, in niedrigster Gangart versuchte ich, durch das taunasse Gras den Weidezaun zu erreichen und so auf Schussdistanz zu kommen.

Fuß vor Fuß, oder besser Knie vor Knie, und Hand vor Hand setzend, erreichte ich, immer wieder verhoffend und sichernd, den Weidezaun. Jetzt nur nicht an den Stacheldraht kommen, das wäre wie eine Alarmglocke für die Feuerwehr, der Hirsch samt Stuck wären auf Nimmerwiedersehen dahin. Ein Blick steil nach oben, mein Herz blieb fast stehen, dort ästen in aller Ruhe die beiden Stuck, aber vom Hirschen keine Spur.

Enttäuscht wollte ich schon den Rückzug antreten, da bemerkte ich eine schwache Bewegung und wie Phönix aus der Asche stand der Hirsch wieder auf der Wiese. Später wusste ich auch den Grund dafür, denn genau dort war eine kleine Bodenmulde, welche ich von meiner Position aus nicht einsehen konnte.

Behutsam strich ich mit meiner Mauser .308 am Eckpfosten des Weidezaunes an, legte den Sicherungshebel der Dreipunktsicherung lautlos um und ging dem Hirsch ins Leben. Langsam zog ich den Züngel meines deutschen Stechers durch, noch einmal kurz ausatmen, bevor ich den Abzug leicht antupfte. Mit einem trockenen Bellen, von den gegenüberliegenden Berghängen widerhallend, verließ 97 gr. Remington den Lauf.

Der Hirsch quittierte den Erhalt der Kugel mit einem kurzen Sprung, kam auf allen Vieren wieder auf und blieb wie zur Salzsäule erstarrt stehen, schüttelte kurz sein mächtiges Haupt, um dann auf der Stelle zusammenzubrechen.

Nach meinem obligatorischen „Nach-dem-Schuss-Pfeiferl", meine kleine Revierpfeife mit Deckel, wie sie auch mein Großvater selig gebraucht hatte, stieg ich zum Hirsch empor. Oben angekommen, lag vor mir ein mittelalter Hirsch, die rechte Stange zeigte eine kurze Krone, links hatte er eine Gabel. Ich stieg noch ein Stück weiter rauf und brach von einer Randfichte einen Zweig für den Letzten Bissen und einen kleinen Erlegerbruch. Auf Tradition legte unser Jagdherr sehr viel wert und ich hatte es bei meinem Lehrprinzen, dem unvergessenen „Jaga-Max", ebenfalls so gelernt.

Ich muss mich immer wieder wundern, wenn ich in den verschiedensten Jagdzeitschriften „glückliche" Jäger sehe, die eine halbe Naturverjüngung auf dem Hut haben und meist noch auf der falschen Seite.

Ich stapfte zu dem Hirsch zurück und steckte ihm den letzten Bissen in den Äser. Nach einer kurzen Totenwacht ging's dann an die rote Arbeit.

Das Liefern zu meinem Suzuki verlief relativ einfach, auf dem taunassen Gras rutschte der Hirsch fast wie von selbst bis kurz vors Auto. Als der Hirsch gut versorgt in der Zwirch hing, freute ich mich auf ein ausgiebiges Frühstück und ein Haferl frisch gebrühten, duftenden Kaffee.

Die befreite Gams

Es war an einem wolkenverhangenen Märztag. In den letzten Tagen war immer wieder Schnee gefallen. Am Nachmittag erreichte mich ein Anruf vom Forstamt Oberammergau. Ein Anwohner hatte bemerkt, dass in unserem Revier eine Gams abgestürzt war. Ich packte meinen BGS-Rüden „Birko" und meine Steyr Mannlicher in meinen Nissan Terrano und fuhr gen Oberammergau.

Die Stelle, wo die Gams abgestürtzt sein sollte, lag in unmittelbarer Nähe unserer Rehwildfütterung „Kalkofen". Dort war früher einmal ein Schießplatz, wie schon in einer anderen Geschichte erwähnt, und der Berg, der Schaffelberg, ist mit großen Tunnelhallen durchzogen, welche im Dritten Reich der Firma Messerschmitt als Produktionshallen für Flugzeugteile gedient hatten. Nach dem Krieg wurden die Tunneleingänge von den Besatzern zugemauert. Trotzdem gab es immer wieder Löcher, wo man locker reinfallen konnte.

Deshalb war nun ein stabiler, übermannshoher Maschendrahtzaun von der Gemeinde aufgestellt worden. Dieser Zaun verfügte über kein Tor oder sonstigen Zugang und reichte mit zwei Seiten direkt an die steile und zum Teil überhängende Felswand heran. Und genau in dieses Geviert ist die Gams gestürzt und konnte aus eigener Kraft, sie hatte den Absturz ohne Verletzungen überstanden, nicht mehr zurück zu ihrem Kitz, das oben auf der überhängenden Felswand stand und klagte.

Beim Angehen, ich musste mich durch den hüfthohen Schnee quälen, versuchte ich, durch leises und monotones Reden die Gams zu beruhigen, was mir fast gelungen war. Ein Abschuss der Gais und des Kitzes kam nicht in Frage. Also musste ich die Gams lebend aus ihrem Gefängnis befreien.

Plötzlich jedoch sprang die Gams in den Maschendrahtzaun und verhackelte sich mit ihren Krucken in dem Zaungeflecht.

Ganz langsam und immer wieder beruhigend auf die Gams einredend ging ich von außen den Zaun entlang in Richtung Gams. Dort angekommen, stand die Gams nun fast völlig apathisch, sodass ich ihre Krucken fassen und aus dem Zaungeflecht aushackeln konnte.

Mit der, gottlob, mitgebrachten Beißzange schnitt ich nun ein großes Loch in den Zaun, um für die Gams eine Fluchtmöglichkeit zu schaffen. Die Gams jedoch flüchtete in großen Sprüngen in die entgegengesetzte Richtung und stellte sich unter der überhängenden Felswand auf einem schmalen Felsbandl ein. Ich watete nun durch den hohen Schnee zurück zur nahen Rehwildfütterung und holte einen kleinen Pressballen feinstes Grummet. Ich lud mir den Ballen auf meine Alukraxe und stiefelte wieder zurück zum „Gamsgehege". Dort legte ich mit dem Grummet eine Futterschleppe durch die Zaunoffnung ins Freie. Ich hoffte, dass die Gams das duftende Grummet annehmen und so nach draußen zu ihrem Kitz kommen würde, das immer noch, nach der Mutter rufend, oberhalb der steilabfallenden Felswand stand.

Nach dem Auslegen der Futterschleppe fuhr ich mit mulmigem Gefühl im Bauch wieder heim. Die ganze Nacht ging mir das verwaiste Gamskitz nicht aus dem Sinn und so fuhr ich am nächsten Morgen ganz früh – es war noch dunkel – mit meinem Nissan Terrano wieder nach Oberammergau. Gottlob hatte es mittlerweile aufgehört zu schneien, trotzdem musste ich wiederum alle 4 Schneeketten aufziehen, um zum Ort des Geschehens zu gelangen.

An der Rehwildfütterung angekommen, stellte ich meinen Nissan ab und spurte wieder, meine alte Fährte aufnehmend, in

Richtung „Gamsgefängnis". Dort traute ich meinen Augen nicht, die Gamsgais stand immer noch unterhalb der überhängenden Felswand auf dem schmalen Felsenband.

Vorsichtig, Fuß vor Fuß setzend, stieg ich, meinen Bergstecken einsetzend, zur Gams auf und erreichte so eine Stelle kurz unterhalb der Gams. Ich redete immer wieder beruhigend auf die Gams ein, welche ängstlich äugend, immer noch reglos auf der Stelle verharrte.

Langsam schob ich den Bergstecken zwischen Felswand und Gams und hebelte die Gams aus der Wand. Auf allen vieren landend, stob die Gams auf meiner Fährte in Richtung Zaunöffnung und sprang außerhalb des Zaunes über die Seite zu ihrem Kitz, das immer noch oberhalb der Wand ausgeharrt hatte.

Die Gams machte noch ein kurzes Haberl und äugte zu mir herunter, als wenn sie sagen wollte „Vergelt's Gott Jaga", bevor sie mit ihrem Kitz im tiefverschneiten Bergwald verschwand.

Ich weiß, die Geschichte hört sich sehr stark nach Jägerlatein an, aber bei meiner Jagaehre, genau so ist es geschehen.

Auch das ist Jagd. Jagd ist auch fühlen, ja mitfühlen, mit der dir anvertrauten Kreatur. Jagd ist aber auch dankbar zu sein. Und ich war in diesem Augenblick dankbar und glücklich, dass diese Geschichte so gut ausgegangen war.

Da Bergdokta

Ich habe einen guten Freund, den Lutz, seines Zeichens Landarzt im hessischen Vogelsberg, der dort zusammen mit seiner Frau eine Landarztpraxis betreibt. Lutz ist in allem, ob im Beruf, Sport oder aber in der Jagd, und da ganz besonders, mit vollem Einsatz dabei.

So kam es dass er mich eines Tages anrief und fragt: „Du, Toni, ich habe in den vergangenen Wochen beruflich viel durchgemacht, darf ich ein paar Tage auf deiner Jagdhütte verweilen und ausspannen?" Natürlich sagte ich ihm sofort zu, da ja eh noch eine Gegeneinladung – ich war bei ihm zum Saujagern eingeladen gewesen – ausstand. Und da wir jagdlich die Hütte nicht unbedingt benötigten, war die Einladung auch schon ausgesprochen.

Natürlich hatte ich mit unserem Jagdherrn Hans das vorher noch abgesprochen und er hatte auch einen Gamsabschuss auf eine alte Gais oder ein Kitz freigegeben. Nach stundenlanger Fahrt kann nun Lutz bei mir in Garmisch an und wir fuhren sofort zur Jagdhütte in Oberammergau. Dort fand dann noch mal eine überaus herzliche Begrüßung statt und nach einer pfundigen Willkommens-Brotzeit und dem nötigen Schlafdruck, der edle bayrische Gerstensaft, verließ ich die Hütte und Lutz fiel müde und zufrieden in die Hüttenflack.

Bevor ich jedoch ging, stellte ich ihm den von Hans freigegebenen Gamsabschuss in Aussicht. Hocherfreut ob des bevorstehenden Jagderlebnisses blieb mein Freund nun allein auf der gemütlich eingerichteten und ruhigen „Stierfleckenhütte". Wir vereinbarten, dass ich mich in ein oder zwei Tagen bei ihm melden würde. Diese Zeit nutzte ich, um auf einen passenden Gams zu pirschen. Am Schaffelberg, einem elend steilen und brüchigen Berg, stand um diese Zeit das Scharwild. Dort in einem Lahner baute ich eine kleine Hock unter eine alte verwitterte Bergfichte. Hier wollte ich mit Lutz, wenn er dann fit war, auf Gams ansitzen. Ich hatte auch bereits eine alte Gais mit total verwaschenen Zügeln aus'gschaugt.

Nach den vereinbarten Ruhetagen fuhr ich, nicht ohne vorher beim Metzger vorbeizufahren und Nachschub einzukaufen, auf die Jagdhütte. Lutz saß vor der Hütte und war nun einigermaßen wieder der Alte. Bei einem Schalerl Kaffee erzählte ich ihm von der alten Gams und wir verabredeten uns für den nächsten Tag. Am nächsten Tag holte ich meinen Freund Lutz von der Jagdhütte ab und wir fuhren zum Schaffelberg. Mit kleinen Schritten stiegen wir in den Lahner ein. Das Lahnergras stand kniehoch und verdeckte den schmalen Steig fast zur Gänze. Nur mühsam konnten wir uns vor und aufwärts bewegen, der dritte Fuß des Bergjägers, der Bergstecken, leistete hier wertvolle Dienste. Ich war überrascht, wie gut mein Jagdgast und Freund mithalten konnte, ist das Bergjagern doch nicht sein täglich Brot.

An dem Bodensitzerl angekommen, wechselten wir erst unsere durchgeschwitzten Hemden und richteten uns auf dem Sitzbrett hinter der Latschenverblendung ein. Lange saßen wir dort, als endlich die alte Gamsgeiß hoch über uns in den Graben wechselte. Auf mein „Lutz, des is die Gams“ krachte auch schon der Schuss und die Gams ging hochflüchtig ab. Ich glaubte noch unterhalb der Gams Geröll aufspritzen zu sehen, war mir aber nicht sicher. Nach einer angemessenen Pause ging ich mit meinem „Birko“ zum vermeintlichen Anschuss. Auf allen Vieren suchte ich nach Pirschzeichen, wurde aber nicht fündig und so setzte ich meinen BGS-Rüden an. Nach kurzem Bewinden des Anschusses nässte er drauf, was eine Eigenart von ihm war, für mich ein untrügliches Zeichen, dass die Gams gefehlt wurde.

Zerknirscht und enttäuscht zog mein Freund mit mir wieder dem Tale zu und ich brauchte Engelszungen, um ihn einigermaßen zu trösten. Zurück auf der Jagdhütte unterstützte ich die Therapie mit ein paar Flaschen des köstlichen Gerstensaftes der nahegelegenen Klosterbrauerei.

Am nächsten Tag stiegen wir über das Königswaldl zum Schaffelberg auf, dort unter einer steil abfallenden Felswand war ein bescheidener Bodensitz, in den wir uns einschoben.

Wir saßen noch gar nicht lang, als mir mein Freund einen Rempler gab und nach oben deutete. Dort stand eine Gamsgais mit zwei Kitzen. Durch mein 8x56 Optolyth konnte ich das zweite als schwaches Kitz ansprechen. Lutz, der mir beim Angehen schon gesagt hatte, dass er auch mit einem Kitz zufrieden wäre, machte sich auf mein Zeichen hin fertig. Von einer sauber geschossenen Kugel, auch Lutz bevorzugte wie Hans das Kaliber 8x68, kugelte sich überschlagend das Kitz über die steile Seite dem Hochwald zu.

Hochzufrieden und glücklich gingen wir zu dem Kitz, was sicherlich den Winter nicht überstanden hätte. Selbstverständlich durfte mein Freund das Kitz mit in seine hessische Heimat nehmen. Hans war ein großzügiger Jagdherr und wollte das als Geschenk sehen.

Auch wenn es nicht die ausgeschaugte und erhoffte Gamsgais war, so wurde doch auf der Jagdhütte noch kräftig gefeiert und noch einige Flaschen des Gestensaftes gingen den Weg vom kühlenden Hüttenbrunnen durch die durstigen Kehlen.

Aus meinem Freund Lutz, der mich des Öfteren ins Hessische zur Jagd einlud – er waidwerkt dort in einem gräflichen Revier, ist er doch des Grafen Leibarzt – ist ein begeisterte Gamsjager geworden.

Der Pirschgang

Heute war ein sonniger Sonntag im Rehbockmonat und so entschloss ich mich, einen ausgedehnten Pirschgang zu unternehmen.

Gegen Mittag, ich war vormittags noch in meinem Betrieb, packte ich meine Siebensachen, meine .308 Win von Josef Just aus Ferlach und meinen treuen Jagdgefährten, meinen BGS-Rüden „Birko", in meinen Terrano. Auch vergaß ich nicht, meinen Bergjager-Rucksack mit Wechselwäsche und den Zutaten für eine stärkende und schmackhafte Revierbrotzeit zu füllen. Selbstverständlich durfte auch der edle Gerstensaft nicht fehlen.

Und so fuhr ich über den Ettaler Berg – Herrschaftszeiten, wieder lauter Sonntagsfahrer vor uns – in Richtung Oberammergau. Über eine kleine Feldstraße – die Bauern waren fleißig am Heu ernten und der würzige Duft frischen Heus lag in der Luft und drang durch das offene Fenster ins Wageninnere – erreichte ich meinen Ausgangspunkt.

Meinen Geländewagen an einem schattigen Platz abgestellt, Waffe und Rucksack geschultert, meinen BGS an der ledernen Führleine pirschte ich gemächlichen Schrittes gen Hebammsberg. Über die einmahdigen Wiesmadhhänge, die erst im September vielfach noch mit der Sense gemäht werden durften, stieg ich über dem Hebammssteig auf. Immer wieder verharrte ich und genoss den Blick und das Bild, das sich mir bot: ein herrlicher Sommertag und auf den Talwiesen das geschäftige Treiben der Bauern.

Auf den einmahdigen Bergwiesen, die ja nicht gedüngt werden durften, fanden sich noch allerlei Kräuter und Blumen, wie Knabenkraut, Schafgarbe und dergleichen mehr. Endlich erreichte

ich den Hochwald, an dessen Rand vereinzelte Hundsrosenbüsche blühten und der ein wenig Schatten spendete.
Die Sonne stand noch hoch am Himmel und es war brütend heiß. Im schattigen Hochwald, meist Fichtenreinbestände – galt doch die Fichte seit altersher als Brotbaum für die Waldbauern –, pirschte ich nun dem Hebammsberg zu. Mein BGS-Rüde trottete etwas missmutig neben mir her und warf hin und wieder ein Blick zu mir, als wollte er sagen: „Herrle, du spinnst, bei dem Wetter pirschen."

Aber mein Ziel waren die drei Salzlecken, welche in der Nähe des Steiges etwas versteckt angebracht waren, und deren Kontrolle, um sie bei Bedarf neu zu beschicken. Ebenso wollte ich die beiden Hochsitze kontrollieren, bevor wir in diesem Teil des Reviers mit der Jagd beginnen würden. Hammer und Nägel hatte ich für alle Fälle in den Rucksack gepackt. Und so pirschte ich in kleinen Schritten, begleitet von einem Nusskratscher (Eichelhäher) und seinem „Gesang", weiter. Endlich erreichte ich die erste Salzlecke, welche wir unter einem alten Fichtenstock angebracht hatten. Im weichen Waldboden rund um die gut angenommene Sulz fährtete ich ganz frische Trittsiegel von Stuck und Schmaltier.

Nun war es an der Zeit für eine kleine Rast, weiter vorn am Steig lag ein alter Baumstamm und dort wollte ich mich hinhocken, als kurz vor mir ein alter Rehbock mit lauten Schreckrufen das Weite suchte. Diesen alten Schlawiner hatte von uns Jager noch keiner zu Gesicht bekommen. Auf dem Stamm der alten Bergfichte hockend, mein BGS neben mir auf meiner grünen Lodenkotze liegend, genoss ich ein paar kräftige Züge des mitgebrachten Hopfensaftes und mein Revierpfeiferl mit dem würzigen „Captain Black", den mir ein befreundeter Nato-Angehöriger aus der hiesigen PX (Einkaufszentrum für amerikanische Militärangehörige) besorgt hatte.

Ich lauschte dem Konzert der Waldvögel und dem leichten Rauschen des kühlenden Bergwinds. Die Zeit schritt unaufhaltsam voran und so nahm ich den steil vor mir liegenden Steig wieder unter meine zwiegenähten Bergstiefel, wollte ich doch noch die beiden anderen Sulzen und die Hochsitze kontrollieren. Mittlerweile, es war schon später Nachmittag, hatte ich die Almfläche am Rehbreinkopf erreicht. Und auch die Sulzen und Hochsitze waren kontrolliert. Ich schickte mich an, den Weg über die Jagdhütte am Stierflecken einzuschlagen.

Durch den alten Bergwald führten mich meine Schritte in die „Protzenau", einem Revierteil oberhalb der Jagdhütte, dort stand in einer alten Rückegasse eine ebenso alte Leiter, die schiefe Leiter oder, wie wir sagten, „de schiafe Loater". Hier wollte ich mich bis zum Einbruch der Dämmerung ansitzen. Ganz in der Nähe hatten wir noch eine neue Salzlecke und an einer dürren Fichte Buchholzteer angebracht. Jetzt wollte ich wissen, ob beides vom Rotwild auch angenommen worden war.

Es dauerte eine ganze Weile, die Sonne war längst hinter dem Ettaler Mandl verschwunden, da zog ein Alttier mit schneeweißem Grind (Haupt) und ein Schmaltier zu Sulze und Buchenholzteer. Da wir aber vor der Brunft auf weibliches Rotwild Jagdruhe vereinbart hatten, blieb meine .308 Win in der Ecke stehen, dennoch erfreute ich mich an dem friedlichen Bild. Ich blieb noch eine ganze Weile hocken und genoss die herrliche Stimmung.

Doch die hereinbrechende Dunkelheit mahnte mich zum Aufbruch und mich auf den Weg zu machen. Es war noch ganz schön weit bis zur Hütte, wo meine liebe Frau den Nachmittag mit dem Hüttenputz verbracht hatte. Der Weg war steil und führte teils durch den Hochwald und die alte Rückegasse zu Tale. Im Schein meiner alten Bundeswehr-Blendlaterne zog ich der Hütte entgegen. Von Weitem schon konnte ich den Holzrauch vernehmen, meine Frau hatte schon für eine Tasse heißen Kaffee oder auch zwei gesorgt. Als ich aus dem Hochwald austrat, leuchteten und grüßten mich die hell erleuchteten Hüttenfenster. Mit großem Hallo wurden wir, mein BGS-Rüde „Birko" und ich, von meiner Frau begrüßt, bevor ich mich an den liebevoll gedeckten und mit Wiesenblumen geschmückten Tisch setzen und meinen heißgeliebten Kaffee trinken konnte.

Selbstverständlich gab's hinterher noch eine pfundige Hüttenbrotzeit und auch der edle Gerstensaft, gut gekühlt im Hüttenbrunnen, durfte nicht fehlen. Schließlich musste ich ja den beträchtlichen Flüssigkeitsverlust wieder ausgleichen.

Ein schöner und erlebnisreicher Tag ging seinem Ende zu. Wer sah gleich an einem Tag einen alten Bergrehbock und eine alte „Muttl", wie wir hier im Werdenfelser Landl ein Alttier nennen?

Dankbar sagte ich: „Jagd ist schauen, Jagd ist aber auch fühlen, Jagd ist Ruhe finden."

Vergelt's Gott, Herr, für diesen Tag.

Der Pantoffelbock

Ganz in der Früh – es schien ein sonniger Tag zu werden, weil ein sternenklarer Himmel war – fuhr ich wieder in mein Revier.

Mein unverwüstlicher Suzuki schnurrte den Ettaler Berg hinauf, „Birko", mein treuer BGS-Rüde, saß auf dem Rücksitz und wir freuten uns auf den heutigen, ruhigen und sonnigen Herbsttag.

Mein Ziel war der Wiesmahdsitz unweit des Kainzengrabens in einer mächtigen Altfichte – Markfichte = Grenzbaum zwischen zwei Grundstücken –, die mitten auf einer steilen Bergwiese stand. Meinen Wagen stellte ich unten, sichtgeschützt, hinter einem Heustadel ab, schulterte meinen Bergjager-Rucksack und meine .308 Win, nahm meinen Rüden an die lederne Führleine und pirschte über die frisch gemähten, einmahdigen Bergwiesen dem Hochsitz zu.

Oben am überdachten Hochsitz angekommen, legte ich wie immer meinen Rüden am Fuß der Leiter auf meinem Rucksack ab und bestieg, jeden Laut und jedes Knarzen der Sprossen vermeidend, auf den Sitz. Es war noch recht dunkel und so konnte ich es mir noch gemütlich machen und kurz vor mich hin dösen.

Aber unaufhaltsam kam der neue Tag und die Sonne schickte ihre ersten Strahlen über die Berggipfel. Ich genoss diese Symbiose von weichender Dunkelheit und dem Licht des beginnenden Tages. Ich ging auch lieber in der Früh als abends zum Jagern, I mog hoid in den Dog nei jagern.

Da, die liebe Vogelwelt war nun aus ihrem Schlaf erwacht und brachte mir ein kostenloses Konzert dar. Die sonst mit vielen Bergblumen und Kräutern bewachsene Wiese lag wie abrasiert vor mir, die Mahder – hier läuft ein Naturschutz-Projekt zum

Erhalt der Bergwiesen – hatten mit ihren Sensen ganze Arbeit geleistet.

Am Rand zum Kainzengraben, einem Wasser führenden Berggraben, glaubte ich eine Bewegung bemerkt zu haben. Tatsächlich bewegten sich die Äste eines Haselnussbusches, so als wenn jemand dort rumzupfen würde.

Mein Blick durch das 8x56 Optolyth bestätigte meine Wahrnehmung, halb verdeckt stand dort ein Rehbock, jedoch für ein genaues Ansprechen musste er noch weiter aus der Deckung kommen. Endlich zog er langsam, immer noch an den Zweigen naschend ins Freie. Es war ein älterer Bock mit niedrigem, aber starkem Gwichtl (Geweih). Mir fiel sofort der eigenartige, ja tänzelnde Gang auf. Nur mühsam konnte er sich auf der steilen Bergwiese fortbewegen.

Schnell tauschte ich Fernglas gegen meinen Repetierer mit dem 8x56 Zeiss, Absehen 4, und ging dem Bock von oben ins Leben. Als das Absehen kurz hinterm Blatt stand, tupfte ich kurz am Ziegel des deutschen Stechers und die Kugel nahm ihren Weg. Der Bock zeichnete heftig und flüchtete hangabwärts.

Nach der obligatorischen Wartezeit, ich hatte heute meine Deckelpfeife daheim vergessen, packte ich meine Sachen zusammen und ging mit Birko zum Anschuss. Der hellrote Schweiß deutete mir einen Lungenschuss und so konnte ich sicher sein, dass der Bock lag. Eine Nachsuche war nicht mehr nötig, denn gut sichtbar verlief die Schweißspur und nach 80 Gängen standen wir vor dem verendeten Bock.

Den vorsorglich schon dem Angehen mitgenommenen Bruch erhielt nun der erlegte Bock. Wie immer hielt ich auch hier eine kurze Totenwacht. Das sind jagerische Bräuche, welche man nicht in der Jagdschule oder in einem Kurs lernt, nein, das hatte ich von meinem jagdlichen Ziehvater und Freund, dem unvergessenem Jaga-Max (Kotterisch), den leider schon einige Jahre die Erde fern von seinen geliebten Bergen deckt.

Beim Betrachten des alten Bocks und der näheren Untersuchung stellte ich an beiden vorderen Läufen erheblichen Schalenauswuchs, so genannte Pantoffel, fest. Trotz seiner Gehbehinderung war der Bock stark im Wildbret und auch sonst gesund, er brachte immerhin 18 Kilo auf die Waage.

Der Bock war vorher nie in Erscheinung getreten und auch unseren Reviernachbarn nicht bekannt.

Der Heimliche

Schon seit Längerem war auf dem neuen Äsungsstreifen, einer alten Rückegasse, ein alter Bock bestätigt worden.

Das kleine Waldstück links vom Äsungsstreifen war mit einem Wildschutzzaun eingefriedet. Dahinter lag unsere Rotwildfütterung, welche wir ganz neu angelegt hatten, „die Fuchslan".

Am Äsungsstreifen hatten wir einen überdachten Leitersitz in einer alten und mächtigen Buche gebaut. Daneben geht der Glashüttensteig vorbei, der durch eine hüfthohe Fichtenverjüngung und Buchenrauscher führte.

In diesem Jahr, es war Juli 1991, hatten wir eine lange Trockenzeit und alles war zundertrocken, die letzten Wochen zeigte das Thermometer Werte um die 33 Grad. Aber heute wollte ich, obwohl der Jagderfolg in den letzten Wochen eher mau war, auf diesem Sitz einen Morgenansitz wagen. Mittlerweile waren 20 bis 30 Ansitze, bevor man ein Stück Wild vor die Linsen bekam, nicht mehr selten.

Da wir zu diesem Revierteil „Protzenau" die Forststraße durch das Nachbarrevier benutzen mussten, machte ich mich schon sehr früh auf den Weg. Und so steuerte ich meinen Nissan Terrano bereits um 3:30 Uhr in Richtung Oberammergau. Am nachtblauen Himmel leuchtete die Sichel des abnehmenden Mondes und ich hoffte, dass mit dem herannahenden Neumond endlich auch der Wetterumschwung kommen würde.

Endlich lag auch Unterammergau hinter uns und ich bog auf die Forststraße ein. Im Scheinwerferlicht sprangen zwei Rehe über die Straße und suchten im nahen Hochwald Deckung. Aber ich war ja noch im Nachbarrevier und so hoffte ich, dass der zuständige Jäger nicht schon auf der Kanzel neben der Forststraße saß. Leider war hier mit dem „Kollegen“ keinerlei Absprache möglich, da der damalige Pächter, ein Zigarrenfabrikant aus der Landeshauptstadt, uns trotz anders lautender Vereinbarung die Durchfahrt streitig machen wollte.

Aber gottlob war die Kanzel verwaist und so konnte ich beruhigt des Weges ziehen, jetzt nur noch das kurze Steilstück und ich war in unserem Revier. Meinen Geländewagen seitlich der Forststraße abgestellt, Rucksack, meine .308 Win geschultert und meinen treuen Jagdbegleiter „Birko“ an der ledernen Führleine pirschte ich durch die Hiebsfläche in Richtung Buchensitz. Das Licht des abnehmenden Mondes und der Sterne reichte aus und so konnte ich auf meine altbewährte Bundeswehr-Blendlaterne verzichten.

Wie immer legte ich meinen BGS-Rüden am Fuß der Leiter auf meinem Bergjager-Rucksack ab und stieg vorsichtig, ja keinen Laut verursachend, die Leitersprossen empor. Meine Lodenkotzen aus Tiroler Loden hing ich in die Ecke und den Sitzfilz legte ich unter meinen Allerwertesten. Da ja noch nichts zu sehen war, formte ich aus meinem Lodenkotzen eine Auflage für mein Haupt und so konnte ich noch eine Runde vor mich hindösen.

Durch einen tiefen Brummer aus der Brust meines Hundes wurde ich aus meinen Hochsitzträumen gerissen. Ein kurzer Blick, da, ja, da stand der Bock am Rand des Zaunes, der sich von der Rotwildfütterung raufzog. Jetzt nur keine unbedachte Bewegung machen, da der Bock zum Sitz her sicherte.

Endlich zog der Bock nun spitz von uns weg auf die Äsungsfläche. Das zarte Grün schien es ihm angetan zu haben. Ich hatte genügend Zeit, diesen Bock, den keiner von uns zuvor gesehen hatte, durch mein Fernglas anzusprechen. Der Bock hatte ein hohes, grob geperltes und helles 6er-Gwichtl. Ich fingerte meine Krieghoff Bockbüchsflinte 7x57 R aus der Ecke und ging dem Bock von oben ins Leben. Als das Ansehen 4 kurz hinter dem Blatt stand, schickte ich die KS-Kegelspitz auf die Reise. Der Bock zeichnete mit einer kurzen Flucht und brach kurz vor dem Altbestand zusammen. Ein kurzes Schlegeln der Läufe und dann war der Bock auf seiner letzten großen Reise.

Ich verstehe überhaupt nicht, dass auch heute noch immer in den Jägerkursen gelehrt wird, man soll mit der Waffe im Anschlag an dem Vorderlauf raufziehen und dann in den Wildkörper gehen. Hier entstehen doch die meisten Laufschüsse und für die geschundene Kreatur unnötiges Leid sowie für die gerechten Schweißhundeführer teils schwierige und langwierige Nachsuchen.

Nach der gewohnten Pause und dem Genuss meiner kleinen Revierpfeife mit Deckel – Achtung, Waldbrandgefahr –, verließ ich den Hochsitz und ging mit meinem BGS zum Anschuss. Das KS-Kegelspitz hatte ganze Arbeit geleistet. Neben Schnitt- und Schlaghaar deutlich hellroter, blasiger Schweiß.

Der längst verendete Bock lag keine 30 Meter weiter an einem Wurzelstock.

Der Bock hatte bestimmt schon 7 oder 8 Sommer im Bergwald gesehen und die Stangen seines Gwichtl ruhten auf mächtigen Dachrosen. Lange stand ich noch bei dem Bock und rätselte, woher dieser Bock gekommen war. Er war nie an einer Rehfütterung oder der nahegelegenen Rotwildfütterung gesehen worden.

Nach der roten Arbeit verstaute ich den Bock in meinem Bergjager-Rucksack und ging zu meinem Auto. Birko lief neben mir her und war sichtlich froh, den Plagegeistern, wie Mücken und Bremsen, zu entkommen. Ich freute mich auf ein ausgiebiges Frühstück mit meiner Frau und auf den gemeinsamen Tag, den wir am wunderschön gelegenen Eibsee verbringen würden. Bei den Temperaturen war ein Bad im kühlen Nass die pure Erholung.

Der Bergwiesenhirsch

Es war schon recht spät im Jahr, der letzte Oktobertag nach meinem Geburtstag. Ich wollte heute recht früh raus, um die Reste der Geburtstagsfeiernachwehen auszulüften. So fuhr ich bereits um halb vier in der Früh in mein Revier.

Nach dieser doch etwas länger dauernden Feier dachte ich mir, dass die frische Waldluft meinem Brummschädel gut tun würde, und so wählte ich die „schiefe Kanzel" als mein Ziel. Diese Kanzel stand auf einem kleinen Schlag oberhalb der Höll. Dort war ein guter Einstand für das Rehwild und so erhoffte ich mir heute einen guten Anblick und Jagderfolg auf einen alten Bock.

Nach dem allerdings erfolglosen Ansitz fuhr ich wieder ins Tal und suchte die Kanzel am Bergengraben im Pulvermoos auf. Von hier aus konnte man die gesamte Bergseite, die jetzt geräumten Bergwiesen, ableuchten. Kurz nach sieben Uhr, es wurde nun auch schon langsam Tag, konnte ich überhalb der Romanshöhe, das ist ein Berggasthof, ein kleines Rotwildrudel ausmachen. Bei den Stuck, zwei Alttiere (Muttl) und zwei Schmaltiere, stand ein typischer II-B-Hirsch.

Also nichts wie rein in meinen Nissan Terrano und die steile und schmale Bergstraße der Romanshöhe zu. Ich hoffte inständig, dass das Rudel sich noch weiter an dem spärlichen Bergwiesengras den Pansen vollschlagen würde. Kurz vor der Gastwirtschaft stellte ich meinen Wagen ab, warf mir meinen Bergjager-Rucksack auf den Buckel, griff nach meine Bockbüchsflinte 7x57 R vom Beifahrersitz, mein BGS-Rüde „Birko" blieb im Auto, und pirschte mit aller gebotenen Vorsicht dem Rudel zu.

Kurz vor der freien Bergwiese war eine eingezäunte Fichtenverjüngung. Als ich diese erreichte, mahnte kurz oberhalb ein

Stuck, nach kurzem Verhoffen pirschte ich nun noch vorsichtiger weiter.

In der niedrigsten Gangart kroch ich nun auf allen Vieren die letzten Meter, bis ich freie Sicht hatte.

Tatsächlich, das Rudel stand noch am obersten Rand der steilen Bergwiese und äste in aller Ruhe und der Hirsch stand mitten bei seinem kleinen Harem. Ich wartete, bis sich der Hirsch, ein ungerader 8er mit dünnen, fast glatten Stangen, vom Rudel etwas absetzte.

Meine Bockbüchsflinte auf meinem Bergjager-Rucksack aufgelegt, versuchte ich, den Hirsch ins Zielfernrohr zu bekommen, aber ich musste noch mal einen kurzen Stellungswechsel machen, da genau vor mir eine kleine Bodenwelle war und die freie Sicht behinderte. Nach dem Stellungswechsel konnte ich dem Hirsch, der jetzt scheibenbreit stand, die Kugel antragen. Mit einem trockenen Bellen verließ das 7x57 KS-Kegelspitz den Lauf, mit hoher Flucht und sich dabei auf den Hinterläufen drehend, quittierte der Hirsch den Erhalt der Kugel und ging in die entgegengesetzte Richtung ab.

Sofort lud ich nach, aber nach kurzer Flucht verhoffte er kurz, ein Beben ging durch den ganzen Wildkörper, ehe er, wie vom Blitz getroffen, zusammenbrach. Das Kahlwild verhoffte noch eine kurze Weile, ehe es dann dem Alttier, scheinbar das Leittier des kleinen Rudels, langsam in den Fichtenaltbestand folgte und die tiefhängenden Äste der Randfichten Deckung boten.

Ich wartete nun eine ganze Weile, heute mal ohne meine Revierpfeife – ich hatte den Tabakbeutel auf dem Küchentisch liegen gelassen, bevor ich meinen Rucksack und das Gewehr geschultert und zum Hirsch aufgestiegen war. Inzwischen war es heller Tag geworden und die Sonne kam nun langsam über die Schneid, es versprach ein wunderschöner Spätherbsttag zu werden. Und beim Angehen meiner Beute fiel mir ein Gedicht von Josef Maria Lutz ein. Herbst …

Als ich nun endlich die steile Bergwiese hinter mir hatte, lag vor mir ein sauber geschossener, typischer Berghirsch. Nach der kurzen Ehren- oder Totenwacht machte ich mich an die rote Arbeit, die schnell verrichtet war. Wie ich es von meinem Lehrprinz gelernt hatte, verzichtete ich auf das Aufbrechen des Schlossknochens, sondern randelte nur den Enddarm aus. So wird ein Verschmutzen der Keulen und des wertvollen Wildbrets verhindert.

Das Liefern des Hirsches war dann eine leichte Angelegenheit, rutschte er doch fast von allein hinter mir in der Lieferschlinge die steile Bergwiese hinunter. Nur das Aufladen auf den Wildträger auf meinem Geländewagen erforderte noch ein wenig Kraft, brachte der Hirsch in meiner Zerwirkkammer fast 100 kg auf die Waage.

Herbst

Jetz traama scho de Bichl,
vom Herbst und von da Ruah
A oaschicht's Wiesmahd-Grüchl
waht staad am Feirabend zua.
Berg stehnga do gorßmächti,
uns saan so graab und oid,
da Nebe zieahgt verdächti,
und macht ois feicht und koid.
Es is ois ob no oana,
Mit deiner gangat mit,
Es sehgtn freili koana,
du mirkst'n bloß am Schritt.
A Baum is gstandn prächti,
den hod er heit nacht glupft,
a Blaatl foit bedächti,
des hod er oawazupft.
A Glockenblume zittert,
und druckt se hart am Stoa,
a Häher hod'n g'wittert,
flieagt auf und doad an Schroa
So gengas mitanader,
und führ'n a ernste Red,
i und das staade ander,
im Dorf drunt läut's Gebet.

aus Josef Maria Lutz, Vertrautes Land

Alle 4 Böcke, Revier Oberammergau

Der Bock vom Leierhof

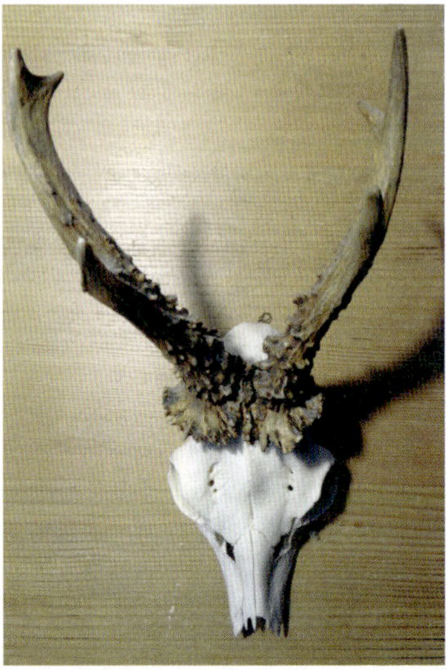

Der Heimliche

Herzogbock

Der Bock vom Königswald'l

Bergwiesen – Manglberg, Oberammergau

Fuchs in Bergwiese, Partenhirchen

Die Stierfleckenhütt'n

Ursprünglich als Hütte für die Hirten gebaut und genutzt, wurde mit Aufgabe der Waldbeweidung diese Hütte der Jagd zugeschlagen. Es war eine kleine einräumige Hütte mit einem kleinen Vorraum und angebautem Geräteschuppen. Als Kühlschrank diente ein Loch im Boden des Vorratsraums, das gerade groß genug war, um einen Kasten Bier unterzubringen.

Als Hans, unser Jagdpächter, die Jagd übernahm, pachtete er auch diese kleine Hütte dazu. Schließlich wollte er nicht nach jedem Jagdeinsatz in die Landeshauptstadt zurückfahren, wo er wohnte und auch seinen Betrieb hatte. Hans war zwar gebürtiger Garmisch-Partenkirchner, hatte aber seit Jahren in München seinen Wohn- und Arbeitssitz.

Bei der ersten In-Augenscheinnahme traf uns fast der Schlag. Von außen sah die Hütte ganz gut aus und auch das grün gestrichene Blechdach war ohne Schäden. Beim Aufsperren der Hütte – diese war längere Zeit nicht mehr gelüftet worden – drang uns ein widerlicher, süßlicher Geruch entgegen. Im Schein unserer Taschenlampen gingen wir erst zu den mit Klappläden verschlossenen Fenstern, um diese zu öffnen.

Im Raum standen eine Bierzelt-Garnitur, ein Herd und vier alte Bundeswehrstockbetten. Auf dem Tisch stand eine halbgeöffnete und vergammelte Fischdose, an der sich diverse Mäuse gütlich getan hatten. Überall lagen Mäusekot und diverse Zeitschriften. In der anderen Ecke standen die Stockbetten und die Matratzen darin – eine weitere Beschreibung erspare ich Dir, lieber Leser – wanderten auf den Scheiterhaufen.

Wie uns der Jagdvorstand, der unvergessene und viel zu früh von uns gegangene Führler Josef – Hinterbeiler –, ein grundehrlicher und geradliniger Mann, sagte, diente die Hütte unserem Vorgänger weniger als Jagd-, sondern als Partyhütte. Hier wurden entsprechende Partys – sehr zum Leidwesen der Reviernachbarn – gefeiert.

Unser Entschluss, eigentlich der von Hans, war schnell gefasst. An den darauffolgenden Wochenenden wurde nun die Hütte total entrümpelt. Die Bettgestelle wanderten zum Alteisenhändler und alles andere kam ins große Feuer. Da Hans vom Beruf Architekt und handwerklich sehr begabt war, er hatte im Gegensatz zu den „studierten Baukünstlern" eine berufliche Ausbildung am Bau, blieb es natürlich nicht beim Entrümpeln. Neue und größere Fenster mit Isolierglas, neue Innenverschalung mit Isolierung – die Hütte war ja nicht winterfest – und eine elektrische Beleuchtung dank Solartechnik waren die ersten Schritte.

In meiner Schreinerei entstanden eine gemütliche Eckbank und ein großer Tisch, damit ja die ausgiebigen Brotzeiten draufpassten, sowie ein Gläser- und Geschirrschrank. Da ja vor der Hütte bereits ein Brunnen war, der sommers wie winters frisches Bergquellwasser lieferte, bauten wir nur noch eine Wasserverteilung und eine Filteranlage ein. Auch eine Druckregulierung war vonnöten, da das Wasser mit 8 Atü aus der Leitung kam. Die Wasserverteilung und der Druckminderer waren Gold wert, da Hans schon wieder neue Ideen bezüglich des Ausbaues hatte. Aber davon später hinten.

Das Baumaterial und die Möbel zur Hütte zu bringen, stellte uns vor die nächste große Herausforderung. Da der Zuweg zur Hütte nur ein total verfallener und lehmiger Rückeweg war, der auch von der Natur schon wieder zugewuchert worden war, konnten wir selbst mit einem Traktor die Hütte nicht anfahren. Also musste alles auf den breiten Schultern vom Hans und mir nach oben getragen werden. Nach einigen schweißtreibenden Wochenenden konnte dann endlich Richtfest gefeiert werden. Aus der einräumigen Hütte war nun eine gemütliche Jagdhütte mit Küche und Schlafraum mit zwei schreinergefertigten Stockbetten entstanden. Auch Gas für den Herd und fließendes Wasser waren nun in der Küche installiert

Im darauffolgenden Jahr, nun war auch unser zweiter Jagdaufseher, der Beni, mit von der Partie, ein gelernter Zimmerer und Zimmerermeister, ließ Hans nun in Absprache mit dem Jagdvorstand eine für Geländewagen befahrbare Straße zur Hütte schieben. Nun begann auch der zweite Bauabschnitt. Der Geräteraum wurde zur Garderobe und Vorratsraum und im Anschluss daran entstanden im neuen Anbau in Holzblockbauweise ein WC und eine Dusche. Das Warmwasser dafür lieferte eine gasbeheizte Therme.

Da ja nun auch Abwasser entstand, gruben wir über den Steig einen Graben und dort eine Dreikammer-Versitzgrube. Da ich ehrenamtlich bei einer bekannten Hilfsorganisation aktiv war, konnten wir einen LKW mit Ladekran ausleihen und den Transport der Betonringe für die Grube und den Aushub selbst bewerkstelligen. Und nun fand für alle Beteiligten und für unsere leidgeprüften Ehefrauen das zweite Richtfest statt, das sich ziemlich lange in den nächsten Morgen hineinzog.

Viele Stunden verbrachten wir Jaga, allein oder gemeinsam auch mit unseren Frauen, auf dieser wunderschönen Jagdhütte. So mancher Hirsch, Reh oder Gams wurde hier gebührend gefeiert und totgetrunken. Aber auch schöne Adventstage und Weihnachtstage (Stefanitag) wurden hier zusammen gefeiert.

Hans, der ebenso wie ich der Schokolade nicht abgeneigt war, hatte immer einen ganzen Karton davon im Vorratskammerl. Als nun der erste Schnee lag und ich mit meinem Unimog die sieben Kilometer lange Forststraße bis zur Fütterung räumen musste, führte mein Weg auch zur Jagdhütte. Es versteht sich ja von selbst, dass hier auch die Straße geräumt und der Bestand der gelagerten Schokolade „überprüft“ werden musste.

Der Kommentar vom Hans beim nächsten Treffen auf der Hütte. „Du glaubst es kaum, seit der Schokolade, quadratisch, praktisch, gut (weg), auf der Hütt'n is, wird a de Straß' g'ramt.“

Der Eisendzehner vom Erdbeerschlag

Wieder einmal hat sich Hans, unser Jagdpächter, für ein Wochenende zum Hirschjagern angekündigt. Es war bereits spät im Oktober und so wollte er auch noch, vorm Beschicken mit dem Winterfutter, an der Rotwildfütterung nach dem Rechten sehen.

Die Hirschbrunft, die heuer wieder einmal sehr ruhig und schwach ausgefallen war, war längst vorbei. Wir hatten einen sehr warmen Herbst und auch die Nächte kühlten nicht so richtig ab. Genau so war der Tag, als Hans zum Hirschjagern wollte.

Wir verabredeten uns am Parkplatz hinter Unterammergau, wo auch im Sommer mein Unimog abgestellt war. Wie gewohnt, fiel die Begrüßung kurz, aber herzlich aus, Hans hatte beim Metzger im Dorf noch reichlich Verpflegung eingekauft, da er länger bleiben wollte. Natürlich war auch a Tragerl Gerstensaft im Auto.

Langsam fuhren wir dann die steile Forststraße hinauf, welche ja durch das Revier unseres streitbaren Nachbarn führte, ich fuhr mit meinem Terrano voraus und Hans folgte mir mit seinem Landcruiser. Leider konnten wir diesen Revierteil, ein Hinterliegerrevier, in dem auch unsere Jagdhütte stand, nur über diese Forststraße erreichen. Diese Straße musste ich auch im Winter benutzen und mit dem Spitzpflug von meinem Unimog räumen, wenn ich zur Rotwildfütterung fahren musste. Ein Vorteil auch für unseren Nachbarn, den er aber nicht wahrhaben wollte.

Nach dem letzten Steilstück der Forststraße erreichten wir nun unser Revier, die linke Straße führte zur Hütte und die rechte Abzeigung zur Rotwildfütterung auf den „Fuchslern". Gewohnheitsmäßig bog ich nach links in Richtung Jagdhütte ab und Hans wollte nach rechts, als ich ihm zuwinkte, er solle mir folgen. „Ja was is denn, wir wollen doch zur Rotwildfütterung", brummelte er beim Aussteigen.

Ich war inzwischen längst aus dem Auto herausgestiegen, hatte mein Spektiv auf dem Dach meines Terrano abgestellt und leuchtete den gegenüberliegenden Berghang, den Erdbeerschlag, ab. Das war eine alte Hiebsfläche, die nun total vergrast war und auf der Unmengen von Walderdbeeren wuchsen. Daher auch der Name „Erdbeerschlag". Allerdings war dieser Schlag so steil, dass einmal ein befreundeter Berufsjäger, der hier zur Nachsuche war, gesagt hatte: „De Seit'n is so steil, dasst im Steh Gros (Gras) fressen konnst."

Aber hier stellte sich gerne am späten Nachmittag und gegen Abend Rotwild ein, um mit den köstlichen Erdbeeren seinen Pansen zu füllen. So auch heute. Auf dem Schlag stand am unteren Rand ein einzelner Hirsch, den ich durch das Swarovsky-Spektiv als alten Eissprossenzehner, der bestimmt schon sein 12. oder 13. Geweih geschoben hatte, ansprach.

Nun ging alles ganz schnell. „Schnoi, Toni, nei ins Auto und nix wia fire da Hütt'n zua." Sprachs und war schon unterwegs. Zu dieser Zeit allerdings war die Zufahrt zur Hütte noch nicht möglich, da die Straße erst ein Jahr später gebaut wurde, und so mussten wir die letzten 200 Meter zur Hütte den steilen und rutschigen Hohlweg im Laufschritt hinter uns bringen, was mit Waffe und Rucksack kein leichtes Unterfangen war.

Völlig außer Atem gelangten wir an der Hütte an, wo sich gegenüber der hohe Sitz, der „Scheißhäuslsitz", befand – so genannt, weil dort in unmittelbarer Nachbarschaft eben ein solches stand. So schnell es ging, stiegen wir die Leiter hoch, oben angekommen hatte Hans auch schon sein 8x56 Zeiss vor den Augen. Der Eissprossenzehner stand immer noch auf dem Schlag und ließ sich die Erdbeeren munden.

Schaffelberg-Scharte, Oberammergau

Geburtstagsgams, Zams/Tirol

Gams im Fels

Mit einer Hand reichte mir Hans sein Spektiv und mit der anderen griff er nach seinem 8x68 Sauer Repetierer. „Toni, Du schaugst, und wann's passt, dann schiaß i." Es war himmelweit und steil bergauf zu schießen. Aber Hans war ein hervorragender Schütze und schoss eine blitzsaubere Kugel. Mit einem donnernden Knall, eben eine 8x68, verließ die Kugel den Lauf. Der Hirsch quittierte den Erhalt der Kugel mit einer hohen Flucht und stürmte der kleinen Fichtenverjüngung am Rand zu. Genau hinter der Verjüngung verlief die Reviergrenze. Hoffentlich blieb der Hirsch in der Verjüngung liegen, waren meine ersten Gedanken, denn mit dem Nachbarn wollte ich auf keinen Fall eine Nachsuche.

Allen Ballast auf der Hütte zurücklassend, nur mit den Waffen, dem sehr erfahrenen und wildscharfen BGS-Rüden „Alf" vom Hans und dem einrädrigen Hirschkarren, der hinter der Hütte stand, machten wir uns auf den Weg. Dazu mussten wir den Dietzenmoosgraben, der gurgelnd seine Wasser ins Tal schickte, durchqueren.

Wir stiegen den steilen und mit langem Lahnergras bewachsenen Schlag hinauf, „Alf" windete mit hoher Nase in Richtung Anschuss. Nach kurzem Suchen stand Hans mit „Alf" am Anschuss und von den Grashalmen leuchtete im letzten Sonnenlicht heller Schweiß. Da die Fluchtrichtung in die Fichtenverjüngung war, an deren anderer Seite ja die Reviergrenze war, ließ Hans seinen BGS frei suchen. Zudem kündigte die vorschreitende Dämmerung den Einbruch der Nacht an. „Alf" hatte sich mittlerweile mit tiefer Nase an der Wundfährte festgesaugt und folgte ihr zügig. Er verschwand in der Fichtenverjüngung und kurz darauf ertönte der Standlaut aus der tiefen Brust des Rüden.

Rasch folgten wir dem Standlaut und standen kurze Zeit später in der bürstendicken Verjüngung vor dem längst verendeten alten Hirsch. Sein eng gestelltes und kaum geperltes Geweih war an den Enden weiß wie Elfenbein. Nun war aber Eile geboten, die Nacht schickte sich an, ihr schwarzes Tuch über Berge und Tal zu legen. Und in stockdunkler Nacht, nur im Schein der Taschenlampe würde die ohnehin schon große Schinderei zur reinen Tortur. Hans, das ließ er sich nicht nehmen, machte sich an die rote Arbeit, bevor es mit vereinten Kräften galt, den Hirsch zu Tale zu ziehen. Am Fuß des steilen Schlags hatten wir den einrädrigen Hirschkarren geparkt und nun gings durch den Dietzenmoosgraben der Hütte zu.

An der Hütte angekommen, wurde der Hirsch versorgt und dann gebührend totgetrunken, war doch die Freude über den unerhofften Jagderfolg übergroß. War dieser Tag doch anders verlaufen, als von Hans geplant, aber ein schöner und erfolgreicher Auftakt für das bevorstehende Jagdwochenende. Der Hirsch hatte, wie ich ihn angesprochen hatte, bestimmt schon seine Glanzzeit hinter sich und auch Hans sprach ihn als Hirsch vom 12. oder 13. Kopf an. Er brachte immerhin noch knapp 110 Kilo auf die Waage.

Die Nachsuche

Es war der 1. Oktober (Gilbhart), mein Jagdkamerad und Jagdaufseher-Kollege Beni hatte von der „Drei-Marken-Leiter", die in einer schmalen und steilen ehemaligen Rückegasse stand, einen Hirsch im letzten Büchsenlicht beschossen.

Beni war ein sehr guter und sicherer Schütze, trotzdem war der Hirsch, welcher auf kurze Entfernung die .300 Win Magnum erhalten hatte, in die angrenzende Fichtendickung geflüchtet. Am Anschuss lag weder Schweiß noch sonstige Pirschzeichen. Beni, der den mutmaßlichen Anschuss ordnungsgemäß verbrochen hatte, folgte dem Hirsch, der nach ca. 70 Metern ins Wundbett gegangen war, aber von ihm aufgemüdet wurde.

Da die bereits aufkommende Nacht ihre Boten vorausschickte, brach Beni die Nachsuche ab, rief mich an und bat mich mit meinem BGS-Rüden „Birko" zur Nachsuche. Über Nacht hatte es angefangen zu regnen und es kübelte immer noch wie aus Eimern. Wir trafen uns schon ganz früh auf der Jagdhütte, welche nur wenige hundert Meter von der „Drei-Marken-Leiter" entfernt stand.

Wir warteten in der Hütte den beginnenden Tag ab und Beni schilderte mir noch kurz den Hergang. Schließlich hatte der Regen etwas nachgelassen und sich zu einem leichten Landregen verwandelt und so zogen wir dann, meinen BGS-Rüden „Birko" an der ledernen Führleine und meine Bockbüchsflinte 7x57 R geschultert, zum Anschuss.

Bereits beim Angehen trat „Birko" mit dem linken Hinterlauf in ein Erdwespennest und wurde auch prompt gestochen. Aber er lief nach kurzem Belecken des Wespenstichs leicht lahmend munter neben mir her, als wüsste er, dass nun alles auf ihn ankäme.

Beni setzte sich, wie abgesprochen, auf die Leiter, um mich von dort auf den Anschuss einzuweisen. Rasch war der armlange Anschussbruch gefunden, meinen Rüden hatte ich sicherheitshalber einige Meter davor abgelegt und nun untersuchte ich den Anschuss, aber selbst mit dem weißen Tempotaschentuch konnte ich keine Schweißspuren entdecken. Der Regen hatte hier wohl ganze Arbeit geleistet. Also zurück zum Hund, Führleine gegen Schweißhalsung und Schweißriemen getauscht, Waffe geladen und gesichert und zum Anschuss zurück.

Nun war mein Rüde an der Reihe. „Birko" untersuchte mit der ihm eigenen stoischen Ruhe den Anschuss und zog dann schnurgerade in die Fichtendickung. Zu dem Landregen gesellte sich nun auch noch starker Ostwind, was die Nachsuche nicht einfacher machte. Immer noch waren weder Schweiß noch sonstige Pirschzeichen zu sehen. Da „Birko" immer heftiger lahmte und seinen Hinterlauf schonte, erwog ich schon, die Nachsuche abzubrechen. „Birko" gefiel dieser Gedanke aber gar nicht, er lag weiter stramm im Riemen, zog der Wundfährte nach und arbeitete alle Hacken und Widergänge aus. Endlich verwies er mir einen größeren Schweißfleck mit Panseninhalt. Kurz darauf verwies er mir das Wundbett, das allerdings schon kalt war.

Vor hier aus ging`s jetzt steil bergauf. Wie um alles in der Welt kann in dieser bürstendicken Dickung ein Hirsch, noch dazu ein verletzter, ziehen, waren meine Gedanken, während ich auf allen Vieren hinter meinem Rüden am langen Riemen hing.

Plötzlich wurde der lederne Riemen schlaff und „Birko" gab kurz Standlaut. Und so standen wir nach knapp 1 ½ Stunden tropfnass und dreckverschmiert vor dem längst verendetem 8er-Hirschl. Groß und ehrlich war die Freude, als ich Beni, der kurz hinter mir war, den Erlegerbruch auf meinem alten und durchweichten Filzhut überreichen durfte.

Nach der roten Arbeit lieferten wir mit vereinten Kräften den Hirsch zur Hütte, wo wir uns erst einmal trocken legen und die Fichtennadeln, welche mir beim Kriechen in den Nacken gefallen waren, aus dem Hemd schütteln mussten.

Obwohl Beni zur Arbeit musste, war für eine kurze und verdiente Brotzeit und a Flascherl Gerstensaft noch Zeit.

Mein BGS-Rüde „Birko" bekam für diese hervorragende Arbeit eine extragroße Portion von seinem Lieblingsfutter.

Am Kircheck

Es war Ende Oktober kurz vor meinem Geburtstag, der Winter hatte schon einmal kurz vorbeigeschaut und auf den Bergwiesen lag eine dünne Schneeschicht, als ich mit meinem Gastjäger und Helfer, ein Realschuldirektor, zum Jagern fuhr. Wir trafen uns am Nachmittag auf der Jagdhütte, die zwar im anderen Teil des Reviers lag, aber wir wollten noch vor Wintereinbruch nach dem Rechten schauen.

Gemeinsam fuhren wir dann zu dem kleinen, überdachten Bodensitzerl am Kircheckgraben unweit der alten Kircheck-Fütterung. Nach dem Bau der großen Rotwildfütterung „Fuchslern" wurde diese Futterstelle, mehr war es nicht, aufgelassen. Auf der steilen und engen Bergstraße zur Romanshöhe stellte ich meinen Mercedes-Jeep seitlich in einer Ausbuchtung ab, warf mir meinen grünen Bergjager-Rucksack – ich hatte früher den alten Wehrmachtsrucksack meines Vaters, aber mein Lehrprinz und Freund Jaga-Max nannte diesen immer Daubernrucksack – auf den Rücken, schulterte meine .308 Win mit dem 8x56 Zeiss, nahm „Birko" an die lederne Führleine und nahm den Weg zum Kircheck unter die schweren Meindl-Bergstiefel. Rainer, der Schullehrer, wie wir ihn kurzerhand nannten, begleitete mich.

Da auf der Bergwiese harschiger Schnee lag, war ein lautloses Pirschen fast nicht möglich, aber glücklicherweise waren wir zeitig dran und so erreichten wir ohne Zwischenfälle und Beunruhigung den überdachten Bodensitz. Leise schoben wir uns in die Bodenhock, welche von einem alten Haselnussbusch gut gedeckt war, ein. „Birko" machte es sich unterm Sitzbrett bequem.

Da vom Berg her die Nebel einfielen, wollten wir schon an Rückzug denken, blieben aber dann – der Jagdtrieb war doch stärker

– sitzen. Mit der herannahenden Dämmerung lichteten sich die Nebel und der nachtblaue Himmel kam zum Vorschein, als wir plötzlich oberhalb von uns ein Anschlagen eines Geweihs zu hören glaubten. Kurz darauf ein Knacken eines brechenden Astes. Durch die sich lichtenden Nebelschwaden sah ich einen hirschroten Fleck, der sich beim Ansprechen mit meinem 8x56 Optolyth-Fernglas als Junghirsch mit ellenlangen Stangen erwies. Dahinter schob sich ein schwacher 8er-Hirsch oder, wie wir im Werdenfelser Landl sagen, a Hursch aus der Dickung.

Der Hirsch zog seitlich vom Spießer zum Kircheckgraben und der alten Fütterung zu. Schnell tauschte ich mein Fernglas gegen meine .308 Win, denn wenn der Hirsch noch weiterzog, war er für mich unerreichbar und könnte nach dem Schuss in den sausteilen Kircheckgraben fallen.

So ging ich dem Hirsch von oben ins Leben, und als das Absehen 4 auf dem Blatt stand, schickte ich die 9,7 grain auf die Reise. Der Hirsch zeichnete, blieb kurz wie in Stein gemeißelt stehen, um dann auf der Stelle zusammenzubrechen und auf der dünnen Harschschneedecke über die steile Leit'n bis kurz vor unsere Bodenhock abzufahren.

Der Spießer hatte von all dem scheinbar nichts mitbekommen, denn er stand noch eine ganze Weile am Rand der Fichtendickung, ehe die Äste der Randfichten hinter ihm zuschlugen. Nun konnten auch wir unseren Bodensitz verlassen. Genau vor dem Sitz war ein alter Stacheldraht als Weidezaun, der nun zum Bergen des Hirsches einen kleinen Umweg nötig machte. Der Stacheldraht war scheinbar des Bauern bester Freund, denn alle paar Hundert Meter trennten diese die Weideflächen.

Als wir nun den Hirsch mit vereinten Kräften zu Tale gezogen hatten, kam auch Hans, der ebenfalls im Revier war, und mit einem kräftigen Waidmannsheil lud er uns dann kurzerhand noch in die „Alte Post“ ein. Hier wurde, der Besitzer der Post war ebenfalls Jäger und hatte das Nachbarrevier als Eigenjagd, noch „nachg'jagert“.

Die Rehgeiß vom Manglberg

Es war im Rehbockmonat und ich wollte heute einen Abendansitz auf der „Manglberg-Leiter" machen. Bereits am frühen Nachmittag machte ich mich, es war ein sonniger Junitag, auf den Weg ins Revier. Vor dem Ansitzen wollte ich noch einige Sulzen, die in der Nähe lagen, kontrollieren – ich staunte immer wieder, was sich dort an Wild gütlich tat – und bei Bedarf nachlegen. Trittsiegel vom Reh bis zum kapitalen Hirsch konnte das geübte Auge dort finden und so Rückschlüsse auf den Wildbestand ziehen.

Nachdem ich die Sulzen, ich habe meistens kleine Raffeln mit Dach gebaut, kontrolliert hatte, machte ich mich auf den Weg zum Manglberg, eine fruchtbare und mit vielen Wildkräutern und Bergblumen bewachsene Bergwiese. Auf diesen einmahdigen Wiesen fanden sich der stängellose Enzian genauso wie Knabenkraut und Arnika, die allesamt geschützt waren. Diese Bergwiesen durften erst im September mit der Sense gemäht werden. Dort mitten auf der steilen Bergwiese stand mittendrin an einer mächtigen Wetterfichte die überdachte „Manglberg-Leiter".

Meinen Geländewagen parkte ich etwas versteckt im nahen Schnitzelgraben, es brauchte ja nicht gleich jeder von der Anwesenheit des Jagers wissen, schulterte meinen Bergjager-Rucksack und meine .308 Win von Josef Just aus Ferlach, nahm meinen treuen Begleiter „Birko" an die Führleine und pirschte über die reichblühende Bergwiese der Leiter zu.

„Birko" legte ich wie immer am Fuß der Leiter auf meinem Rucksack ab und stieg die Leiter empor. Auf das Sitzbrett legte ich mir meine Sitzunterlage aus gewalktem Filz, eine wahre Wohltat im Sommer wie im Winter bei langen Ansitzen, und richtete mich auf dem Sitz ein. Die Waffe legte ich auf den Querholm und mein Fernglas fand seinen Platz an dem dafür vorgesehenen Nagel. Von unten aus dem Tal drangen das Brummen der Traktoren und das Klappern der Ladewagen herauf. Die letzten Tage waren trocken und sonnig und so konnten die Bauern ihr Heu, das sie als Winterfutter für ihr Vieh brauchten, einfahren.

Vom Westen her zogen dunkle Wolken auf und es schien ein Gewitter im Anzug zu sein, aber das war für unsere Gegend typisch. Sobald es ein paar Tage warm oder heiß war, konnten sehr schnell Gewitter und teils schwere Unwetter auffahren. Das ist in den Bergen schon so manchen Flachlandtiroler zum Verhängnis geworden, aber auch erfahrene Bergsteiger sind nicht davor gefeit. Aber zurück zum Manglberg.

Die Bergwiese wurde nach oben durch den Fichtenhochwald und rechts durch den steil abfallenden Schnitzelgraben begrenzt. Eine ganze Weile saß ich nun schon auf meinem Sitz und lauschte dem Treiben der Bauern im Tal und dem Konzert der Vögel, welche in der Buschreihe an der Grabenkante ihre Abendserenade sangen.

Die Turmuhr der Oberammergauer Pfarrkirche schlug dreiviertel acht, als von rechts aus dem Graben eine Rehgeiß austrat. Ich fingerte mir mein Fernglas vom Nagel und nahm die Geiß in die Optik. Der Blick zwischen die Hinterläufe zeigte einwandfrei, dass hier eine Schmalgeiß vor mir stand. Ich tauschte mein Fernglas gegen meine .308 Win und ging dem Schmalreh von oben ins Leben.

Noch mal durchschnaufen und dann tupfte ich nur ganz leicht am Züngel meines Repetierers. Die Geiß zeichnete und ging mit krummem Rücken ab in den Schnitzlgraben, von wo sie hergekommen war. Ich wartete eine ganze Weile und zündete mir meine kleine Revierpfeife an. Nach geraumer Zeit – ich wollte die Rehgeiß nicht aufmüden – baumte ich ab.

Ich ging erst allein zum Anschuss und fand nach längerer Suche ein wenig Schnitthaar und dunklen Schweiß. Da es in Kürze dunkel sein würde, entschloss ich mich entgegen aller Regel zur sofortigen Nachsuche. Ich ging zu meinem BGS-Rüden zurück, legte ihm die Schweißhalsung und den langen Riemen an und ging zurück zum Anschuss.

„Birko" saugte sich sofort an der Wundfährte fest und zog in Richtung Schnitzelgraben. Ich dockte immer mehr von dem Schweißriemen ab und gab „Birko" immer mehr Riemen, plötzlich zog er kurz vor dem Graben steil bergauf. Mittlerweile hatte doch leichter Sommerregen eingesetzt und es wurde richtig dampfig. Kurz vor meinem Hund, der stramm im Riemen lag, gab es heftiges Poltern und die Rehgeiß lief in hoher Flucht keine 5 Meter an mir vorbei in die mannshohe Fichtendickung Schnell streifte ich „Birko" die Halsung ab und ab ging die Bail. Die Geiß schlug wieder einen Haken und flüchtete quer über die Bergwiese in den Schnitzelgraben. Birko mit lautem Hetzlaut hinterher und hinein in den steilen Graben.

Ich blieb auf der Wiese stehen und verfolgte die Bail mit den Ohren. Endlich ertönte der giftige und anhaltende Standlaut aus dem Graben. Meine .308 Win geschultert, ging ich in Richtung Graben, dazu musste ich erst die steile und schmierige Seite des Grabens übersteigen.

Was ich sah, war für mich einer der schönsten Momente, die ich mit meinem treuen Jagdgefährten erleben durfte. Der sonst so wasserscheue Rüde stand im bauchtiefen Wasser, hielt das Reh am Hinterlauf fest und gab Standlaut. Es war die erste Hatz und diese hatte er auch noch erfolgreich beendet. Schnell entsicherte ich mein Gewehr und trug dem Schmalreh den Fangschuss an.

Zufrieden und glücklich packte ich nach der roten Arbeit das Reh in meinen Rucksack und machte mich auf den Weg zu meinem Auto, das glücklicherweise gleich unterhalb im Graben stand.

Des is a Stoapilz

Wir, meine liebe Frau und ich sowie Beni und seine Frau, verabredeten uns für Sonntag auf unserer Jagdhütte zum Hirschjagern, denn es war Brunftzeit und heuer war die Brunft nach einigen schwachen Jahren wieder ganz gut. Hans, unser Jagdpächter, weilte derzeit in Zams in seinem herrlichen und wildreichen Hochgebirgsrevier. Aber auf dem Rückweg nach München wollte auch er noch auf der Jagdhütte erscheinen.

Und so trafen wir uns bereits am frühen Nachmittag auf unserer herrlich gelegenen Jagdhütte am Stierflecken. Benis Frau, eine hervorragende Kuchen- und Platzlbäckerin, hatte wie immer einen fantastischen und schmackhaften, selbstgebackenen Kuchen mitgebracht. Es dauerte nicht lange, bis aus dem Inneren der Hütte der Duft von frischgebrühtem Kaffee durch die offenen Hüttenfenster ins Freie drang.

Meine Frau hatte derweil im nahen Fichtenwald, welcher gleich unterhalb der Hütte stand und mittlerweile auch der Motorsäge zum Opfer gefallen war, eine ganze Tragetüte mit Steinpilzen gesammelt. Es war heuer ein sehr ertragreiches Schwammerl- und Pilzjahr, sehr zum Leidwesen von uns Jägern, denn die Pilzsammler waren wie Heuschrecken unterwegs.

Wie wir so bei Kaffee und Kuchen auf der Veranda vor der Hütte saßen, drang von der Forststraße her das Brummen eines Motors herauf. Das Knirschen der Straßenkiesel unter den Rädern eines schweren Geländewagens kam immer näher und kündigte uns das Eintreffen von Hans an. Unsere beiden BGS, auch Beni führte seit einiger Zeit einen BGS-Rüden, stürmten schon erwartungsvoll zum Hüttenzaum, um ihren Artgenossen „Chico“ zu begrüßen. Die drei Rüden verstanden sich prächtig, aber nur, wenn kein Wild in der Kammer hing.

Nach der herzlichen Begrüßung zeigte meine Frau voller Stolz ihre Schwammerl, welche sie gerade putzte. „Hans, schaug wos i für scheene Schwammerl g'fundn hob." Hans begutachtete die Ausbeute, ging wortlos zu seinem Geländewagen zurück und kam mit einem Steinpilz, dessen dunkelbraune Kappe die Ausmaße eines Kuchentellers hatte, zurück.

„Do schaug, Karin, des is a Schwammerl", lachte er und gab ihn meiner Frau, „da nimm und mach a guade Schwammerlsupp'n, damit da Toni a satt werd."

Da es nun schon spät am Nachmittag war, beratschlagten wir, wer wo hingehen würde. Hans entschied sich für die Rehbreinalm, Beni wollte sein Glück auf der „Drei-Marken-Leiter" probieren und ich wählte die „schiafe Leiter". So waren wir weit genug voneinander entfernt, aber doch nah genug, um bei Jagderfolg zu Hilfe kommen zu können.

Kurz vor Sonnenuntergang – ich hatte gerade einem Amselhahn gelauscht, der seine Abendserenade in den azurblauen Himmel trällerte – fiel von der Rehbreinalm her ein Schuss. Das war unverkennbar die 8x68 Sauer vom Hans, dem die Jagdgöttin Diana wie immer hold war. Also packte ich meine sieben Zwetschgen zusammen und ging rauf zur Rehbreinalm, um Hans beim Bergen und Liefern zu helfen.

Meinen Bergjager-Rucksack, meine Waffe und meinen BGS-Rüden „Cito" im Vorbeigehen auf der Jagdhütte zurücklassend, nur mit meiner altbewährten Bundeswehr-Blendlampe und den unverzichtbaren Bergstecken bewaffnet, nahm ich den Waldboden unter meine Bergschuhe.

Steil war der unwegsame Aufstieg, teils durch den alten Bergwald und teils über eine alte Hiebsfläche. Atemlos und schweißgebadet erreichte ich die Almfläche, wo ich den Hans schon von Weitem erblickte, der offensichtlich in dem hohen Almgras den

Anschuss suchte. „Chico", sein BGS, hatte aber schon die Fluchtfährte aufgenommen und so standen wir nach 80 Gängen vor einem mittelalten, ungeraden Zehner.

Rasch war die rote Arbeit erledigt und wir zogen mit vereinten Kräften den Hirsch zu Tal, wo uns auf halbem Weg Beni mit dem einrädrigen Hirschkarren entgegenkam.

An der Hütte angekommen, unsere Frauen hatten inzwischen den Hüttenherd in Betrieb genommen, wanderte die frische Hirschleber in die Küche, woraus unsere beiden Köchinnen ein pfundiges und schmackhaftes Essen, Hirschleber mit frischen Steinpilzen und als Beilage frisches Bauernbrot, zubereiteten. Das Ganze wurde natürlich mit edlem Hopfensaft, den Beni aus seiner Lieblingsbrauerei mitbrachte, hinuntergespült.

Ein schöner und erfolgreicher Jagdtag neigte sich dem Ende zu.

Hans. Vergelt's Gott für die schönen und unvergesslichen Tage.

Da Herzogbock

Heute war ein kühler und regnerischer Julitag, trotzdem trieb es mich schon in aller Hergottsfrüh in mein geliebtes Oberammergauer Revier, das ich nun seit fast 12 Jahren als Aufsichtsjager betreue. Mein Ziel war heute der „schiafe Sitz" im hinteren Teil des Reviers, in der Protzenau. Aber scheinbar war auch dem Wild das Wetter zu schlecht, denn die Bildfläche blieb leer.

So fuhr ich mit meinem unverwüstlichen Suzuki Samurai wieder über die steile Bergstraße zu Tal. Über dem Pulvermoos waberte der Morgennebel, trotzdem steuerte ich meinen Wagen zum ehemaligen, jetzt aufgelassenen und renaturierten Schuttplatz, oder, wie er im Volksmund hieß, zum „Klumphaufen", welcher bis in das Pulvermoos hineinragte. Hier in den weitläufigen Streuwiesen war die Kinderstube unserer Rehe.

Ich schob mich auf das kleine Bodensitzerl am Rand des Schuttbergs ein in der Hoffnung, unserem Rehnachwuchs ansichtig zu werden. Hier im Pulvermoos, das heute unter Naturschutz steht, hatten wir vor einigen Jahren mit einem Jagdkurs in Zusammenarbeit mit der unteren Naturschutzbehörde die verfallenen und zugewachsenen Entwässerungsgräben wieder aufgemacht. Nun wuchsen hier wieder der blaue Himmelsschlüssel, der Beinwell und andere Heilkräuter und Blumen.

Da ich auch hier keinen Anblick hatte – sollte sich die heutige Pirsch als Schneiderfahrt entpuppen, war meine stille Frage –, lenkte ich meinen Suzuki den heimatlichen Gefilden zu. Langsam, im Standgas ließ ich den Wagen über die Feldstraße rollen. Ich hatte den alten Austragshof, den „Leierhof", gerade passiert, als ich rechts in den Streuwiesen einen roten Fleck bemerkte. Ich ließ meinen Wagen langsam ausrollen und stieg aus, das 8x56

Optolyth vom Beifahrersitz geangelt und den Rehbock angesprochen, der dort seelenruhig äste.

Was ich da vor meinen Linsen hatte, verschlug mir fast den Atem. Es war ein Bock wie aus dem Bildband, „Über steirische Rehe" von SKH Herzog Albrecht von Bayern. Bereits am Anfang unserer Jagdpacht hatte Hans mir die beiden Bildbände „Weichselboden" und eben das oben genannte geschenkt und mich gebeten, mich intensiv mit der Rehwildhege zu beschäftigen.

Ich hatte in der Folgezeit viel mit dem Versuchsrevier in Stammhamm und auch mit ehemaligen Berufsjägern vom Herzog Kontakt und holte mir deren Rat. Aber nun zurück zum Rehbock.

Auf etwa 100 Metern stand dort ein Rehbock, wie wir sie sonst nur aus dem oben genannten Buch oder aus Jagdzeitungen von Ungarn kennen. Da der Bock bestimmt schon seinen sechsten Sommer hinter sich hatte und wir auch wussten, dass heuer unser letztes Pachtjahr war, brauchte ich nicht lange zu überlegen. Noch sehr gut hatte ich einen Ausspruch vom Hans in den Ohren, als er bei einer anderen Gelegenheit sagte: „Wann's passt, dann schiass, oder wuisst das liaba fotografieren?" Also wechselte ich Glas gegen meine Krieghoff 7x57 R, und als der Bock scheibenbreit stand, trug ich ihm die Kugel an.

Ein kurzes Rucken ging durch den Wildkörper, ehe er auf der Stelle zusammenbrach, ein kurzes Schlegeln mit den Läufen zeigte mir das Ende. Der Bock hatte seine letzte Reise angetreten. Ich wartete noch eine Weile, ehe ich zum Bock ging. Nach kurzer Zeit stand ich vor dem längst verendeten Bock, vergessen waren Regen, Wind und Nebel. Lange blieb ich so stehen, um das Gesehene zu verarbeiten. War dieser Bock doch eine Ernte einer langen und guten Hege. Wir hatten von Anfang an, als ich die Rehwildhege übernahm, in allen unseren Rehwildfütterungen – und es waren einige – das Wildfutter STM 3, welches SKH Herzog Albrecht in seinem Versuchsrevier in Stammhamm und in seiner steirischen Jagd entwickelt und vorgelegt hatte, dem Rehwild gereicht.

Mit diesem Futter, das in Säcken als Pellets geliefert wird, hatten wir nur beste Erfahrungen gemacht und so die Verbissschäden auf ein Minimum, eigentlich gegen Null, reduziert. Selbst der zuständige Betreuungsförster, bestimmt kein Freund vom Wild, musste uns im Rahmen eines Verbissgutachtens oder Waldzustandsberichts – er hatte einen Verweiserpunkt unmittelbar neben einer Rehfütterung gesetzt – zu unserer Hege gratulieren. Bei der Hegeschau im darauffolgenden Jahr war die Bocktrophäe die stärkste weit und breit und brachte 640 Gramm auf die Waage.

Das Erfolgsrezept für einen intakten Wald und gute Böcke – auch im Wildbret war er deutlich schwerer – ist und bleibt die richtige Hege und das Futter.

Ein Auszug aus einem Gespräch zwischen unserem Förster und einem Berufsjäger, als sie vor der Trophäe standen. Der Förster: „De hom fast koan Verbiss." „Ja dann wern se hoit guad schieassn", war die Antwort des Berufsjägers. „Na, de fuadan vernünftig", versicherte der Förster. Ende des Zitats. Aber dem ist eigentlich nichts hinzuzufügen.

Leider gab Hans aufgrund indiskutabler Pachtpreisforderungen das Revier im darauffolgenden Jahr nach Ablauf der Pachtzeit auf.

Bei einem meiner Besuche in der jährlich stattfindenden Hegeschau, konnte ich den Rückgang der Trophäen und deren Entwicklung feststellen. Mir standen fast die Tränen in den Augen, als ich den Niedergang so vor Augen hatte.

Die Rache Dianas

Es war ein richtig schöner Spätherbsttag Ende September, als ich meinen Pickup Richtung Oberammergau steuerte. Mein Ziel war die kleine Leiter oberhalb der Rehwildfütterung am Leierhof. Diese kleine Leiter hatten wir vor zwei Jahren im Rahmen einer Revierausbildung von angehenden Jungjägern errichten lassen. Sie stand an einer einzelnen Fichte vor einer Fichtenverjüngung und bot freie Sicht auf die Wiesmahdhänge.

Ich stellte meinen Wagen unten auf der Straße neben den Streuobstwiesen ab, die Äpfel und Birnbäume trugen heuer reichlich Früchte, warf mir meinen Bergjager-Rucksack auf den Buckel, nahm meinen treuen BGS-Rüden „Birko" an die lederne Führleine und hängte mir meinen nagelneuen Blaser Berg- und Talstutzen (.30R Blaser 5,6x50) um.

Langsam, Fuß vor Fuß setzend, pirschte ich an der unbeschickten Rehwildfütterung vorbei im Schutz der Erlen über die im Sommer reich blühende Bergwiese, die jetzt aber gemäht war, der kleinen Leiter zu. Die verwitterte Altfichte, an der die Leiter gebaut war, bot beste Deckung. Vorsichtig erklomm ich die paar Leitersprossen, nachdem ich „Birko" wie immer am Fuß der Leiter auf meinem Rucksack abgelegt hatte. Rechts von mir war die Rosswiese vom Leierhof, welche aber durch die Erlen von mir aus nicht einsehbar war. Ab und an hörte ich das leise Schnauben der weidenden Pferde. Hinter der Fichtenjugend stiegen die Wiesmahdhänge steil in den nachtblauen Himmel, noch war es zu dunkel, um etwas zu erkennen. „Birko", nun schon ein betagter Herr, war er doch schon im 12. Behang, schnarchte am Fuße der Leiter leise vor sich hin und ich tat es ihm gleich. Hochsitzschlaf war doch der gesündeste Schlaf in freier Natur, die Ruhe der Nacht genießend. Plötzlich wurde ich durch einen tiefen Brummler, der von der Rossweide zu mir rüberdrang, aus meinem Vormichhindösen gerissen. Noch war es zu dunkel, um etwas auszumachen, und die Erlen verdeckten die Sicht.

Langsam, im Schneckentempo, wurde es heller, Hubertus hatte mein stilles Stoßgebet wohl gehört, die Herbstsonne schickte ihre ersten Strahlen über den Grat, als ich den Hirsch mit seinen Weibern, er hatte 3 Stuck und 2 Schmale dabei, hoch oben auf der Bergwiese entdeckte. Dort oben stand, an eine alte Fichte gelehnt, der Schwammerlsitz, so genannt, weil Hans einmal seinen Schwammerlfund nach einem Ansitz dort vergessen hatte, und genau dort stand nun der Hirsch mit seinen Stuck.

Für einen sicheren Schuss war es von meinem Sitz aus viel zu weit. Also nix wie runter vom Sitz, durch die vor mir liegende Fichtendickung war ich gut gedeckt, und dem Hirsch angegangen. Die letzten Meter am Fuße der steilen Bergwiese musste ich in der tiefsten Gangart, einem Indianer gleich, zurücklegen. Den Rucksack hatte ich vor mir hergeschoben und darauf meinen Bergstutzen gelegt. Der Rucksack diente mir nun als Auflage, als ich dem Hirsch von oben ins Leben ging. Als das Absehen kurz hinterm Blatt stand, schickte ich die .30R Blaser H-Mantel auf die Reise.

Es war ein höllisch steiler Schuss bergauf und die Rache Dianas folgte auf den Fuß, die Büchse hatte einen enormen Rückschlag, mein Freund Max hatte beim Einschießen gesagt. „De schlogt wiar a Ochs", und so stanzte mir das Zielfernrohr einen Halbmond über meinem Auge. Ich schweißte wie eine angebleite Sau. Von dem Hirsch keine Spur, das Kahlwild trottete in leichtem Trab in den Hochwald. Ich versorgte erst mal notdürftig meine klaffende Wunde, ich hatte immer Verbandszeug für mich und meinen Hund im Rucksack, bevor ich „Birko", den ich weiter hinten abgelegt hatte, holte.

Gemeinsam stiegen wir nun zum Anschuss hinauf, mein Schädel brummte wie ein ganzer Bienenstock. Am Anschuss keinerlei Schweiß oder Schnitthaare. Erst nach längerem Suchen auf allen Vieren entdeckte ich vier tiefe Eingriffe der mächtigen Schalen im weichen Wiesenboden.

Ich legte „Birko" die Schweißhalsung an und dockte meinen ledernen Schweißreimen langsam ab, derweilen untersuchte „Birko" mit der ihm eigenen stoischen Ruhe – er war ja auch nicht mehr der Jüngste – den Anschuss und zog in Richtung Höll, einem elendstiefen Graben, zu.

Mit meinem Brummschädel und immer noch leicht dasig (benommen) folgte ich ihm am langen Riemen. Ich konnte mich nur auf die Nase meines Hundes verlassen, da nicht der geringste Schweißtropfen zu finden war. Als wir nach einigen Hundert Metern über einen querliegenden Baumstamm steigen mussten, der letzte Sturm hatte ihn wohl gefällt, verwies Birko ein Tropfbett. In dem Augenblick als ich mir meinen eigenen Schweiß – die Wunde blutete immer noch – abwischte, ging Birko samt dem langen Riemen durch. Auch mein Kommando „Birko, bleib" nützte nichts. Er wollte den Hirsch finden. Ich verharrte eine Weile auf dem Platz, in der Hoffnung Standlaut zu vernehmen.

Als ich nach längerer Zeit nichts hörte und nicht blindlings in die Botanik stolpern wollte, blieb mir nichts anderes übrig, als Hans, unseren Pächter, zu verständigen und um Hilfe zu bitten. Er wollte gerade zu einer seiner Baustellen nach Rosenheim fahren, als ihn mein Anruf erreichte. Schnell war der Termin in Rosenheim verlegt und Hans mit seinem BGS-Rüden „Alf" in Richtung Oberammergau unterwegs.

Mit einem „Gott sei Dank, hoit mi oaner aus dem Büro raus", und einigen frommen Sprüchen, ob meines Halbmondes überm Auge, die Wunde hatte nun gottlob aufgehört zu bluten, begrüßte mich Hans am vereinbarten Treffpunkt. Nach kurzer Schilderung stiegen wir wieder zum Anschuss, den ich vorher verbrochen hatte, auf, wo „Alf" sofort Witterung aufnahm und der Wundfährte wie auch „Birko" folgte. Auch er verwies das Tropfbett, das ich ebenfalls verbrochen hatte, und zog, stramm im Riemen liegend, der Höll zu.

Hans ließ nun seinen Rüden, er wollte vom Riemen, frei suchen und nach kurzer Zeit ertönte aus dem Höllgraben der Standlaut von „Alf", zu dem sich nun auch der tiefe Standlaut aus der Brust von „Birko" gesellte. Als wir an der Grabenkante ankommen standen dort die beiden BGS-Rüden vor dem längst verendeten Hirsch. Es war ein typischer II-B-Berghirsch, mit kurzen dicken und gut geperlten Stangen.

Nach der roten Arbeit zogen wir den Hirsch, nun war auch Beni noch zu uns gestoßen, im Graben dem Tal zu, was eine ziemliche Schinderei war, blieb der Hirsch doch das eine oder andere Mal irgendwo hängen. Glücklich und zufrieden wuchteten wir mit vereinten Kräften den Hirsch auf die Ladefläche meines Pickups. In der nahegelegenen Bergwirtschaft wurde der Hirsch mit einer deftigen Brotzeit und einigen Halben gebührend totgetrunken. Und ich musste noch so manche spöttische Bemerkung über meine Blessur über mich ergehen lassen.

Der Bergstutzen, den ich mir so sehnlichst gewünscht hatte, wurde sofort wieder verkauft, da ich bei jedem Schuss muckte. Aber wie hatte mein alter Freund, der Berufsjäger Max, so trefflich gesagt: „Naa, mit dem schiass i ned, der schlogt ja wiar a Ochs, und i mecht no länger a gsunde Schulter." Durch Erfahrung wird man klug.

„Cito von Bschlabs“

Da nun mein treuer und braver Jagdbegleiter „Birko“ in den ewigen Jagdgründen weilte, warf sich die Frage auf, ob ein neuer Hund in die Familie kommen sollte oder nicht.

Meine liebe Frau, die sehr an „Birko“ gehangen hatte, und auch mein Sohn, der zwar nicht mehr im Haus war, wollten nicht sofort einen Nachfolger. Zu groß war die Trauer um „Birko“, war er doch sehr meiner Frau zugetan gewesen. Aber getreu dem Sprichwort „Jagen ohne Hund ist Schund“ und der Tatsache, dass ich immer wieder zu Nachsuchen gerufen wurde, wollte ich sofort einen neuen Hund. Nicht, dass auch ich nicht an meinem treuen Jagdkameraden gehangen hatte und um ihn trauerte, hatten wir doch viele gemeinsame Stunden allein im Revier verbracht. Aber ich musste Vernunft vor Gefühlen walten lassen.

Also, wie sollte ich meine liebe Frau davon überzeugen? Ich redete bei einem unserer nächsten Hüttenabende mit unserem Jagdpächter und Freund Hans. Er überlegte kurz und sagte dann zu mir: „Jetzt kimmt doch bald des Jagdessen, dann krieag i des scho, lass des amoi mei Sorg sei.“ Am Tag, an dem das traditionelle Jagdessen anstand, das in großer Gesellschaft mit Blechmusik von den Jagdgenossen veranstaltet wurde, Zahlmeister und Wildbret-Lieferant war natürlich Hans, bei dem es ein opulentes Mahl gab, platzierte Hans meine Frau neben sich an der Festtafel.

Mit seinem ihm eigenen Charme und seiner vorbildlichen und netten Art dauerte es nicht lange, bis er meine Frau, die sich mit Hans prächtig verstand, überzeugt hatte und mir signalisierte: „Alles klar.“

Nun kam der schwierigste Teil. Da in unserem Verein „Klub für bayrische Gebirgsschweißhunde“ kein Wurf zur Vergabe stand und ich unbedingt einen Hund mit Papieren wollte – ich hatte genügend Schwierigkeiten mit meinem „Birko“ gehabt, welcher ohne Papiere gewesen war –, wendete ich mich an den Österreichischen Schweißhundeverein.

Als ich damals „Birko“ von dem Züchter in Oberreute geholt hatte, war ich noch nicht im KBGS. Als ich um die Aufnahme ersuchte, sagte mir der damalige Vorsitzende Rudi Aurnhammer: „Gib den Hund zruck und wart, bist von uns oan krieagst.“ Da ich aber den Hund bei dem Züchter und Jäger per Handschlag gekauft hatte, blieb ich hart. Handschlag ist für mich bindend und eine Ehrensache und so konnte ich nicht Mitglied werden. Allein durch meinen jagerischen Freund, den Jaga-Max, welcher mich immer zu den Prüfungen und Pfostenschauen mitnahm, wurde der Kontakt gehalten. Sehr viel später, als mein „Birko“ schon hochbetagt war, sagte der Rudi zu mir: „Wenn i gwusst hätt, mit wiavui Herzbluat du bei da Sach bist, dann hatt i die scho vui früher aufgnomma.“ Aber zurück zum „Cito von Bschlaps“.

Die Telefonnummer des Gebietsobmannes der ÖSHV war schnell gefunden, der damalige Zuchtleiter war dabei überaus behilflich und der Tiroler Obmann nannte mir dann auch sofort die Adresse und die Telefonnummer des Züchters. Dieser war in den Lechtaler Alpen Berufsjäger im großen Hochgebirgsrevier der Baufirma Hoch-Tief, Wien, und wohnte in dem Bergdorf Bschlaps am Hahntenjoch.

Sofort rief ich dort an und der Züchter Martin Perl sagte mir, dass bereits alle Welpen vergeben waren, aber getreu dem Sprichwort „Wer zuerst kommt, mahlt zuerst“ sollten wir kommen und die Welpen ausschauen. Und so vereinbarten wir für den kommenden Sonntag einen Termin.

Und so fuhren wir, meine Frau – war sie doch eine wichtige Entscheidungsträgerin – und ich, über Ehrwald, Lermoos und

Reutte ins Tiroler Lechtal Richtung Hahntenjoch. Über die steile und mit Viadukten gesicherte Bergstraße fuhren wir dem Hahntenjoch zu, zu unserer linken und rechten Seite erhoben sich majestätisch die Lechtaler Alpen.

In Bschlaps erwartete uns schon der Züchter Martin Perl vor einem gepflegten und großen Haus und führte uns sogleich in den blitzsauberen Zwinger, eigentlich ein Raum im Haus mit Freilauf in den dahinterliegenden Garten.

Dort lag eine wunderschöne Hündin mitten in ihrer Rasselbande. Die Hündin stammte aus einer sehr edlen Zucht und hatte viele nationale und internationale Auszeichnungen im Stammbuch.

Es waren von dem ganzen Wurf noch eine Hündin und zwei Rüdenwelpen ohne feste Zusage. Da ich aber wieder einen Rüden wollte, am liebsten einen kräftigen, damit er besser zu mir passte, griff Martin in das Gewusel und brachte einen kräftigen Welpen hervor.

Er reichte mir den kleinen Racker und sofort schob der Kleine seinen Fang in den offenen Ausschnitt meines Schafwolljankers, nur seine blauen Welpenaugen lugten noch hervor, mit denen er meine hinter mir stehende Frau anblinzelte. Ganz gerührt von dem kleinen Racker hörte ich ihre Stimme: „Toni der is, den nemma und koan andern“, sie sprach mir aus dem Herzen, denn der kurze Moment, in dem ich den Welpen im Arm hielt, reichte, um sofort Freundschaft zu schließen.

Ein Entschluss, den ich in all den Jahren, in denen mich „Cito“ auf meinen Pirschgängen begleitete, nie bereute. Er war ein ebenso treuer und braver Wegbegleiter und Jagdkamerad wie „Birko“.

„Cito“ wuchs zu einem bildschönen und kräftigen Rüden heran und er meisterte schon als Welpe bei der Pfostenschau und Welpenvorstellung 1997 in Partenkirchen sein Debüt. Bei der Vorstellung lief der kleine Wutz, kaum größer als mein Haferlschuh, frei bei Fuß, was den damaligen Zuchtwart des Vereins für bayerische Gebirgsschweißhunde – die bayerischen Gruppen hatten sich ja vom KBGS getrennt – Kaspar Mayr zu dem Ausruf veranlasste: „Da schaugt's, des san de Österreicher, de ham des scho von kloa auf drin.“

Die Vorprüfungen sowohl im bayrischen Fall wie auch im Tiroler Gaistal belegte „Cito“ mit einem 1. Platz, bei der Formbewertung erhielt er den Formwert sg/v. Leider deckt auch ihn schon lange die heimatliche Erde in unserem Garten.

Der Bock vom Leierhof

Ein vielversprechender, sonniger Julimorgen trieb mich hinaus ins Revier. Schon sehr früh startete ich von Garmisch aus. Es war noch dunkel, nur die Sterne und die Sichel des abnehmenden Mondes erleuchteten den nachtblauen Himmel. Heute wollte ich in die Protzenau, dort steht die überdachte Leiter, da Buachnsitz (Buchensitz). Zügig schnurrte mein unverwüstlicher Suzuki über den Ettaler Berg dem Revier zu.

In diesem Teil des Reviers, wie schon beschrieben, ein Hinterliegerrevier, zog am Morgen durch den lichten Hochwald das Rotwild ihrem Einstand zu. Ich stellte meinen Wagen etwas versteckt hinter einem rieseigen Ganter ab, warf mir meinen Rucksack auf den Buckel, griff mir meine geliebte Steyr-Mannlicher .243 Win aus der Halterung, nahm meinen treuen Gefährten „Birko“ an die Führleine und pirschte dem Buchensitz zu. „Birko“ legte ich wie immer am Fuß der Leiter ab und stieg, jedes Geräusch vermeidend, die Leiter empor. Es war noch dunkel, der Mond war durch die hohen Fichten verdeckt, als ich mich auf dem Sitz einrichtete und noch ein kurzes Nickerchen machte.

Langsam erschien über dem Rehbreinkopf ein goldener Reif, die ersten Sonnenstrahlen kündigten einen herrlichen Sonnentag an. Die ersten Stimmen des Waldes erwachten und eine Amsel trällerte ihr Morgenlied in den aufgehenden Tag.

Langsam verschwanden die Reste der Nacht und die Sonne stieg nun vollends über den Grat, herrlich war das Schattenspiel der durchdringenden Sonnenstrahlen im Hochwald zu beobachten. Von fern drang ein Büchsenschuss zu mir herüber, aha, dachte ich mir, mein Reviernachbar, der Hartl, war heute auf der gegenüberliegenden Seite der Ammer am Pürschling schon erfolgreich. Der Hartl, eigentlich Leonhard, war ebenso begeisterter

Jäger, er war in dem Revier Jagdaufseher und Hundeführer wie ich. Auch er führte einen BGS-Rüden. Wir hatten zusammen nach verschiedenen jagdlichen Einsätzen oder Hundeprüfungen so manche Maß Gerstensaft geleert. Leider ist dieser aufrechte und geradlinige Mann bei einem unglücklichen Betriebsunfall ums Leben gekommen.

Jetzt konnte auch bei mir das Wild nicht mehr weit sein, denn der Tag war bereits fortgeschritten und so konzentrierte ich mich wieder auf den vor mir liegenden Äsungsstreifen. Unten von der Forststraße dröhnte plötzlich Motorenlärm herauf. Ich wollte schon im Stillen auf die Holzarbeiter schimpfen, als ich durch mein 8x56 Optolyth einen einzelnen Mann sah, der genau auf dem Rotwildwechsel sein Auto abstellte und aus dem Kofferraum einen Weidenkorb hervorholte.

Leise fluchend baumte ich ab, nahm meinen BGS-Rüden und ging zu dem Störenfried. Auf meine Frage, was er denn um Gotteswillen so früh hier machte, antwortete er in gebrochenem Deutsch, dass er Beeren sammeln will. Bevor mir eine nicht ganz freundliche Bemerkung über die Lippen kam, drehte ich mich um und ging zu meinem Wagen. Also Jagd vorbei, denn die nächsten Stunden würde hier kein Wild mehr zu sehen sein.

Nun blieb mir nichts anderes übrig, als den Rückzug anzutreten, und so fuhr ich die steile Forststraße wieder dem Tal zu. Endlich hatte ich nun auch das Nachbarrevier hinter mir gelassen und so ließ ich meinen Suzuki im Standgas über die Straße nach Unterammergau rollen. Links und rechts säumten saftig-grüne Bergwiesen mit ihrer mannigfaltigen Blütenpracht die Straße. Gewohnheitsmäßig lenkte ich im Dorf meinen kleinen Geländewagen in Richtung Pulvermoos, wo unsere Kinderstube für die Rehe war. Auf dem alten, jetzt renaturierten Schuttplatz hatte ich einen versteckten Luderplatz angelegt und den wollte ich noch kontrollieren. Wir hatten hier gerade im Winter jede Menge Füchse, angezogen von den Misthäufen der Aussiedlerhöfe, die von uns scharf bejagt wurden.

Auf dem Hinweg fiel mir ganz draußen im Pulvermoos ein roter Fleck auf, der aber im schulterhohen Schilfgras verschwand. Beim Rückwechsel stand der Rehbock, als solchen hatte ich ihn angesprochen, in den Streuobstwiesen neben dem Leierhof.

Ich ließ meinen Suzuki noch ein Stück weiterrollen, bevor ich ihn stoppte und vorsichtig, die .243 Win und mein Glas in der Hand, zurückpirschte. Da unter einem Apfelbaum mit seinen fruchtbeladenden tiefhängenden Ästen stand der Bock und naschte vom Fallobst. Seine Wehr zeigte kurze knuffige Stangen und eine raue Perlung. Der Bock hatte bestimmt schon seinen 6. und 7. Sommer auf dem Ziemer. Langsam hob ich die .243 Win, und als der Bock breit stand, zirkelte ich ihm die .243 Win Teilmantel aufs Blatt.

Der Bock quittierte den Erhalt der Kugel mit einer kurzen Flucht, bevor er zusammenbrach und noch einige Male mit den Läufen schlegelte. Wie gehabt, wartete ich noch eine kleine Pfeifenlänge, damals rauchte ich noch, bevor ich zu dem verendeten Bock ging. Die rauhgeperlten, kurzen Stangen des lyraförmigen Gwichtls saßen auf Rosenstöcken so groß wie ein Fünf-Mark-Stück.

Auch dieser Bock ist das Ergebnis und die Ernte einer guten und artgerechten Rehwildbewirtschaftung.

Der Hirsch vom Rehbreingraben

Wieder einmal war es soweit. Die von uns Jägern so ungeduldig erwartete Hirschbrunft war da. Hans, Beni und ich verabredeten uns auf unserer schmucken Jagdhütte, wo wir nacheinander dort eintrafen. Die kleine Hütte mit ihrer überdachten und vorgebauten Veranda lag am Rande einer kleinen Waldlichtung, dem Stierflecken, der der Hütte auch seinen Namen gab. Unterhalb der Hütte deckte uns ein lichter Fichten-Altbestand, in dem viele Schwammerln und Steinpilze wuchsen.

Zu uns gesellte sich noch unser Jagdfreund Rainer, Rektor eine Realschule und Lehrer meines Sohnes Florian, er war ebenfalls ein begeisterter Jäger und Biologe.

Nach einer herzlichen Begrüßung fachte ich erst einmal ein zünftiges Feuer in unserem Hüttenofen an. Bald prasselte und knisterte das Feuer und wärmte die Stube, es war ein richtiges Brunftwetter, kalt und ungemütlich. Der aufgesetzte Wasserkessel summte vor sich hin und bald darauf duftete die ganze Hütte nach frisch aufgebrühtem Kaffee. Beni, der von seiner Frau wieder köstlichen Kuchen mitgebracht hatte, hatte bereits den Kaffeetisch gedeckt und so saßen wir vier bei Kaffee und Kuchen und ratschten über dies und über das.

In dieser Runde wurde nun auch besprochen, wer wo zum Ansitz hingehen würde. Hans und Beni entschieden sich für die hohe Leiter auf dem Rehbreinkopf bzw. für die versteckte Leiter in drei Marken. Rainer und ich wollten zu der Waldkanzel im Rehbreingraben wo ich bei meinen letzten Pirschgängen immer wieder Rotwild bestätigen konnte. Darunter waren auch faustgroße Trittsiegel eines Hirsches. Auf den Bergwiesen lag bereits eine dünne Schicht Harschschnee, der Winter hatte schon kurz vorbeigeschaut, deshalb entschlossen wir uns zum frühzeitigen Aufbruch, um jede Beunruhigung durch den knirschenden Schnee zu vermeiden.

So pirschten wir, Rainer und ich, mit kurzen und bedächtigen Schritten zur Waldkanzel, welche gut gedeckt an einer alten Erle stand. Vorsichtig schoben wir uns in den Sitz ein und meine Sitzunterlage unter mein verlängertes Rückgrat und, eingehüllt in meinen lodenen Wetterfleck, war es einigermaßen gemütlich. „Birko", mein BGS-Rüde, hatte sich auf meinem Bergjager-Rucksack unter der Kanzel zusammengerollt und schniefte leise vor sich hin.

Langsam kam die Abenddämmerung und mit ihr der Nebel oder, wie wir hier sagen, der Gamswächter. Immer wieder hörten wir von der Ferne vereinzelte Brunftrufe. Leise unterhielten wir uns und versuchten die Standorte der Hirsche zu lokalisieren. Der Nebel waberte immer noch über uns und wir hatten eigentlich die Hoffnung auf einen Anblick oder Jagderfolg schon begraben.

Aber irgendetwas hielt uns in der Kanzel, obwohl mittlerweile die Kälte an den Füßen und Händen emporkroch. Trotz meiner gefütterten Fäustlinge bekam ich langsam klamme Finger.

Da, gerade als ich den Vorschlag machen wollte, den Heimweg anzutreten, bekam ich vom Rainer einen Ellbogen-Rempler. „Toni, horch, do ziagt wos", raunte er mir zu. Angestrengt lauschten wir in die aufkommende Dunkelheit – der Nebel hatte sich leicht gelichtet – und tatsächlich hörten wir das Brechen von dürren Ästen und das Anstreichen eines Geweih an den Fichtenstämmen. Rotwild!

Nun waren alle Fasern meines Körpers – die Kälte war im Nu verflogen – bis aufs Äußerste angespannt. Mit klammen Fingern griff ich nach meinem 8x56 Optolyth Glas und versuchte, den Nebel, der sich nun auch lichtete und einem sternklaren Nachthimmel Platz machte, zu durchdringen. Ganz oben am Waldrand nahe dem Glashüttensteig trat ein einzelner Hirsch aus. Nach kurzem Ansprechen, auch Rainer hatte sein Glas vor den Augen, erkannten wir in dem Hirsch einen alten Bekannten. Es war der dünnstangige Eissprossenzehner von der „hohen Fütterung".

Da der Hirsch das entsprechende Alter hatte und auch für eine starke Population nichts mehr beitragen konnte, entschloss ich mich, ihn aus der Wildbahn zu nehmen. Bedächtig griff ich nach meinem .308 Win Repetierer mit dem 8x56 Zeissglas. Als das Absehen 4 kurz hinterm Blatt stand, trug ich dem Hirsch die Kugel an. Er quittierte den Erhalt der Kugel mit einem kurzen Aufbäumen und rutschte dann, immer schneller werdend, der Kanzel zu.

„Birko", mein treuer Rüde, durch den Knall meiner .308 Win aus seinen Träumen gerissen, hatte die Beute sogleich im Wind und wollte den Hirsch in Besitz nehmen. Da der Hirsch von der Kanzel aus gut sichtbar war, blieben wir noch eine Pfeifenlänge sitzen.

Nach dem Liefern, das sich noch als ziemliche Schinderei herausstellte, mussten wir den Hirsch doch durch den Hochwald zu der Jagdhütte ziehen. Hans und Beni, die auf dem Rehbreinkopf beziehungsweise in den Drei Marken saßen, hatten den Schuss nicht gehört und konnten uns so auch nicht zu Hilfe kommen.

Auf der Jagdhütte wurde dann der uns allen bekannte Hirsch begutachtet und als Abschusshirsch bestätigt. Selbstverständlich wurde dann eine ausgiebige Brotzeit aufgetischt und mit dem edlen Gerstensaft einer bekannten Familienbrauerei aus dem Unterland hinuntergespült. Hans, der edle Jagdherr, ein Wort das er gar nicht gerne hörte, sei Dank, denn er freute sich genauso, als ob er den Hirsch erlegt hätte. Jagd- oder Schussneid war ihm fremd. Leider deckt auch ihn schon lange seine Partenkirchner Heimaterde, er ist viel zu früh in das andere Revier gewechselt.

Die Rehbreinalm

Die Rehbreinalm – die Almhütte ist längst aufgegeben und verfallen, nur die überwucherten Fundamente sind noch erkennbar – ist ein weitläufiger Almboden auf dem Rehbreinkopf. Die Almfläche ist überwiegend mit Trockenrasen bewachsen und teilweise mit Naturanflug bestockt.

Da es hier heroben ein gutes Rotwildvorkommen gab, es war ein idealer Standort, ringsum Fichtenhochwald und mehrere Suhlen, wir sagen Hirschlach'n dazu, beschlossen wir, die Almfläche wieder zu mähen und zu renaturieren. Früher waren hier Jungvieh und Pferde aufgetrieben. Nach Rücksprache mit der unteren Naturschutzbehörde, der wir unser Vorhaben unterbreiteten, gab diese grünes Licht. Und so konnten wir dann loslegen.

Hans kaufte einen Balkenmäher und brachte ihn am darauffolgenden Wochenende aus München mit auf die Jagdhütte. Und dann kam die große Schinderei, denn der Motormäher musste nun von der Stierfleckenhütte über unwegsamstes Gelände und durch den steilen Bergwald zum Rehbreinkopf transportiert werden. Zu dritt, Hans, Beni und ich, gingen wir das Unterfangen an und schoben und zogen den Mäher über die steile und verwachsene Bergseite. Meter für Meter ging es bergauf und zwischendrin – es mussten immer wieder störende Äste beseitigt werden – gönnten wir uns auch mal eine kurze Verschnaufpause.

Manch unchristlicher Fluch kam über unsere Lippen, wenn es mal wieder mehr rückwärts als vorwärts ging, hatten wir doch zu der Last des Motormähers auch noch das Gewicht unserer Rucksäcke mit Wechselwäsche, Brotzeit und dem unvermeidlichen Gerstensaft zu tragen.

Nach schier unendlichen zweieinhalb Stunden, im Normalfall brauchten wir für den gleichen Weg 45 Minuten, waren wir total erschöpft, verschwitzt, aber froh auf dem Rehbreinkopf angelangt. Nach dem Wechseln unserer durchgeschwitzten Hemden (Pfoad) gab es erst eine pfundige Brotzeit und die sicherlich verdiente Halbe.

Beni und Hans bauten den Mähbalken mit dem Schlegelmähwerk an den Motormäher und dann mähten wir noch einen Teil der ehemaligen Pferdewiese und räumten das Mähgut zur Seite. Bereits zwei Wochen später war hier eine wunderbare Äsung, a fein's Graserl, aufgekommen. Wir freuten uns schon auf die kommende Brunftzeit, war doch auf der neuen Äsungsfläche jede Menge frische Hirschlosung zu finden.

Gerne hätte ich so manchem Jagdgegner diese renaturierte Almfläche gezeigt, weil hier ein echter Beitrag zur artgerechten Erhaltung unseres edlen Wildes und zum Schutz unserer Wälder und Bergwiesen mit dieser einzigartigen Flora geleistet wurde. Im Hessischen versucht man mittlerweile, der Bestockung aufgelassener Weideflächen mit ausgewiesenen Rotwildäsungsflächen Herr zu werden. Hier herrscht absolute Jagdruhe, sodass das Rotwild bereits wieder tagaktiv ist, wie es ja auch ursprünglich war. Leider funktioniert das bei uns in Bayern nicht, solange unser größtes heimisches Wild von so manchem grünen Rotwildhasser als „großer brauner Rindenfresser" tituliert wird.

Zum Schluss unserer ersten Pionierarbeit legten wir an einer versteckten Stelle noch eine Salzlecke an, damit das Wild die lebensnotwendigen Mineralien in aller Ruhe aufnehmen konnte. Im darauffolgenden Jahr hatte Beni einen Landwirt aufgetan, der über einen raupenbetriebenen und schwimmfähigen Mulcher verfügte. Dieser wurde von uns beauftragt, die gesamte Almfläche mit seinem Spezialfahrzeug zu mulchen. Auf dem schmalen Glashüttensteig, der zur Rehbreinalm und weiter zum Rehbreinkopf führte, bahnte sich dieses Höllengerät seinen Weg nach oben. Auf der Almfläche setzte er seine Spezialfräse ein und aus dem bestockten und mit Altgras überwucherten Flächen wurde in den folgenden Wochen eine wunderbare Almwiese, die unserem Rotwild, aber auch dem Rehwild eine gepflegte Äsungsfläche wurde. Auch die frisch angelegte Suhle wurde vom Rotwild nun gerne und häufig angenommen, wie die vielen Trittsiegel drumherum bestätigten.

Leider ist nach dem Ende unserer Pacht der Forststraßenausbau mit Vehemenz vorangetrieben worden und dieses schönes Stück Natur wurde ein Opfer dieser Maßnahmen. Vorbei die Ruhe und Abgeschiedenheit, da man heute mit dem Geländewagen und dem Mountainbike problemlos dorthin fahren kann.

Der Hirsch vom Diezenmoos-Graben

Beni, mein Jagdkamerad und Aufsichtsjager-Kollege, und ich verabredeten uns auf unserer Jagdhütte am Stierflecken, wir wollten heute auf Rotwild jagern. Schon am frühen Nachmittag trafen wir uns auf der Hütte und unsere beiden BGS-Rüden „Karli" und „Birko" tobten zur Begrüßung rund um die Hütte.

Wir sperrten die Hütte auf und ließen den abgestandenen Hüttenmief ins Freie. Die Hütte war in den letzten Wochen nicht benutzt worden. Als wir gerade gemütlich am Brotzeiteln waren, mit Speck, Kas und Gerstensaft, fing es wie aus Gießkannen zu regnen an. Beim Blick durchs offene Hüttenfenster fiel die Lust zum Jagern fast gegen Null. Aber es war Hirschbrunft und wir sollten eigentlich mit dem Rotwildabschuss schon weiter sein. Der Regen trommelte unaufhörlich auf das Blechdach unserer Hütte, was unsere Motivation nicht gerade steigerte.

Also überwanden wir unseren inneren Schweinhund und machten uns auf den Weg. Beni wollte zum Hochsitz auf dem Rehbreinkopf und hatte so den längeren Anmarsch, während ich mich für den „Scheißhäusl-Sitz", der unweit unserer Hütte stand, entschied.

Nachdem ich meinen treuen Gefährten, meinen BGS-Rüden „Birko", unter dem Hochsitz ablegte, hier war er von den himmlischen Wassermassen einigermaßen geschützt, bestieg ich den Hochsitz. Es verging fast eine Stunde, der Regen wollte einfach nicht nachlassen, als ich auf der gegenüberliegenden Seite einen geringen 8er-Hirsch ausmachen konnte, als er aus der triefenden Fichtenjugend austrat. Er schüttelte das Wasser aus seiner Decke und der ganze Hirsch war in einer Wasserwolke eingehüllt. Langsam trottete er, sichtlich widerwillig, in den Graben, wo am Rand des nun schon stark angeschwollenen Diezenbachs ein feines Graserl wuchs. Für einen sicheren Schuss war es aber noch zu weit und so wartete ich ab. Ein Anschreien des Hirsches konnte ich mir ersparen, die Rufe wären im Rauschen des Regens und des Diezenbaches untergegangen.

Endlich, es schien, als ob Stunden vergangen wären, ist das Hirschl auf dem kleinen Fleck am Rand des Diezenbaches angelangt. Immer wieder, den Regen von den Linsen des Fernglases wischend, versuchte ich, den Hirsch anzusprechen. Da das Hirschl schwach im Wildbret war und der Abschuss noch nicht erfüllt war, entschloss ich mich, den Hirsch aus der Wildbahn zu nehmen. Ich tauschte mein 8x56 Optolyth gegen meine .308 Win mit dem 8x56 Zeiss und ging dem Hirsch ins Leben. Aber immer wieder beschlug meine Optik und ich musste mehrmals absetzen, um das Glas trocken zu wischen. Nochmal ging ich dem Hirsch ins Leben, und als das feine Absehen 4 kurz hinterm Blatt stand, schickte ich das 9,7 gr Win. Teilmantel auf die Reise.

Ein kurzer Ruck ging durch den Wildkörper, ehe er zusammensackte und schlegelnd noch ein kurzes Stück in den wasserführenden Graben rutschte. Ruhig blieb ich noch eine Weile auf dem Hochsitz, hatten wir, Beni und ich, doch vereinbart, dass dort, wo ein Schuss fiel, der Kamerad dem anderen zu Hilfe käme.

Es regnete immer noch und der Graben, sonst ein beschaulich plätscherndes Bächlein, schwoll langsam, aber sicher zu einem rauschenden Wildbach an. Als Beni nicht, wie vereinbart, erschien, baumte ich ab und machte mich auf den Weg zu meiner Beute. Dabei musste ich ein ganzes Stück bergauf gehen, um über den Graben zu kommen. Nur widerwillig folgte mir mein BGS-Rüde „Birko", war er doch überhaupt kein Freund vom Wasser. Wir mussten den inzwischen beachtlich angestiegenen Graben überspringen und standen kurz danach vor dem längst verendeten Hirschl.

Trotz des erbärmlichen Sauwetters hielt ich dem Geschöpf noch eine kurze Totenwacht, bevor es an die rote Arbeit ging. Der Regen trommelte unerbittlich auf meinen weitscheibigen Werdenfelser Filzhut und der Regen lief mir oben ins Genick rein und unten wieder raus. Nach der roten Arbeit versuchte ich, wider aller Erfahrungen und Vernunft, den Hirsch bergwärts zu bergen, es wäre der kürzere Weg zur Hütte und ich hoffte, Beni käme mir noch entgegen. Nach einigen Metern drehte ich doch talwärts und nun begann eine elendige Schinderei.

So zog ich den Hirsch, ich hatte mir von meinem Cousin, einem Schlosser, ein Lieferseil aus 4 mm dickem Stahlseil mit einem Griffbügel mit Wirbel machen lassen, hinter mir neben dem wasserführenden, tosenden Graben zu Tal. Durch bürstendicke Dickung und Unterholz zog ich den Hirsch in Richtung Ganterplatz, auf dem rutschigen und lehmigen Boden mehr schlitternd als gehend. Nach schier unendlichen zwei Stunden, es war inzwischen stockdunkle Nacht geworden, kam ich ziemlich abgeschunden und tropfnass – es war wirklich kein trockener Faden mehr an mir – am Ganterplatz (Holzlagerplatz) an. Selbst die Wechselwäsche in meinem Bergjager-Rucksack war nass geworden. Von Beni und seinem Auto war weit und breit nichts zu sehen. Er hatte den Schuss nicht gehört und war wohl der Meinung gewesen, dass auch ich den Weg in die heimatlichen Gefilde angetreten hatte.

So blieb mir nichts anderes übrig, als den Hirsch auf das Liefergestell meines Geländewagens zu lupfen und nass, wie ich war – zum Schutz meines Autositzes legte ich mir die Gummifußmatte unter meinen Allerwertesten –, den Heimweg anzutreten. Daheim angekommen, das Wildbret in die Wildkammer, meinen Rüden trockengerieben und dann ein wärmendes Vollbad, welches mir meine liebe Frau bereits vorbereitet hatte. Anschließend gab es dann die redlich verdiente und pfundige Brotzeit und für den innerlichen Wasserverlust zum Ausgleich den unvermeidlichen Gerstensaft.

Des is a Stoa-Pilz

Jagdhütte, Stierflecken

Herzogbock

BGS „Cito von Bschlabs"

Beim Reinigen meiner .308 Win am nächsten Tag und dem Ordnen meiner Jagdutensilien bemerkte ich das Fehlen meiner unverwüstlichen Jagdkotze. Diese hatte ich beim Abbaumen auf meinen Bergjager-Rucksack gebunden. Das es auch heute noch regnete, war an eine Suche nicht zu denken. Am zweiten Tag war dann der Regen endlich vorbei und so machte ich mich nochmal auf ins Revier, um den Wetterfleck, wie wir im Werdenfelser Landl dazu sagen, zu suchen.

Auch der Diezenmoos-Graben hatte sich wieder normalisiert und ich ging mit „Birko" zu dem Platz, wo ich den Hirsch aufgebrochen hatte. Von dort aus rüdete ich meinen BGS-Rüden an und hoffte, dass er unserer „Lieferfährte" folgen würde. Und tatsächlich zog er sofort der Fährte folgend talwärts, was ich an den „Himmelszeichen", welche ich hinterlassen hatte, gut erkennen konnte. Den Bach, der nun wieder lustig gurgelnd seine Wasser der Ammer zuführte, überquerend blieb er plötzlich in der Dickung vor etwas Dunklem stehen. Es war mein eigentlich schon verloren geglaubter, mit Regenwasser vollgesogener Wetterfleck, auf dem sich bereits einige Nacktschnecken heimisch gemacht hatten.

Dieser Wetterfleck diente meinem BGS auf der Jagd immer als Ruhestatt, wenn ich auf einem Hochsitz meinen Platz hatte und meinen Rucksack mitnahm.

Den Wetterfleck aus dem unverwüstlichen Tiroler Loden habe ich noch heute, meine beiden so treuen Begleiter und Jagdkameraden, „Birko" und „Cito", jagern längst in einem anderen Revier.

Der Hirsch vom Hebammsberg

Es war bereits Ende Oktober und wir hatten erst einen Teil des geforderten und uns auferlegten Rotwild-Abschusses erfüllt. Die Brunft war in diesem Jahr wieder einmal sehr schwach ausgefallen, ob es nun an den zu warmen Herbsttagen und Nächten lag oder an der vom Staat verordneten und ringsum ausgeführten Reduktion mit revierübergreifenden Drück- und Bewegungsjagden, wir wussten es einfach nicht.

In den Privatrevieren, mit ihren Pächtern und Jagdaufsehern – ich selbst war jahrelang in der Vorstandschaft des BBJA, Bund bayerischer Jagdaufseher –, wird versucht, waidgerecht zu jagern.

Ich bin auch der festen Überzeugung, dass wir, die Jagdaufseher und die Berufsjäger, wie auch unsere beiden Organisationen gut daran täten, unsere Energien und Kräfte zu bündeln, zum Wohle unseres heimischen Wildes, statt mit ständigem Konkurrenzdenken unsere Kräfte sinnlos zu verbrennen. Klar ist auch, dass ein Berufsjäger von einem Revier mit weniger als 1.000 ha nicht ausgelastet ist und die Pächter, welche ohnehin schon horrende Pachten bezahlen, sich einen Fachmann hauptberuflich nicht leisten können.

Wir, die beiden Organisationen, sind, außer vielleicht die Landesjagdverbände, die aber der aktuellen Politik nach dem Maul reden, doch die einzige Lobby – ich mag das Wort zwar nicht, besser wäre Fürsprecher –, welches unser freilebendes und heimisches Wild hat. Wildtiere in der Serengeti, Büffel in Amerika, Eisbären in den Polaren gelten mehr als unser heimisches Wild. Es vergeht doch keine Woche, in der nicht ein Film über diese bedrohten Tierarten in den Medien läuft, aber fast nie wird ein Film über unser von grünen Ideologen verfolgtes heimisches Wild gezeigt. Dies gilt bei den Vertretern der hölzernen Zunft als Waldschädling und großer brauner Rindenfresser. Aber Sie, verehrte Leser und Jagdfreunde, sollten sich selbst ein Bild von unserer Jagdkultur machen, die vorstehenden Zeilen sind meine Gedanken und persönlichen Erfahrungen.

Ich bin zwar jetzt von der eigentlichen Erzählung abgekommen und ich bitte Sie um Nachsicht, aber es war mir eine Herzensangelegenheit, diese Zeilen niederzuschreiben. Aber nun zurück zu unserer Geschichte. Wir hatten den Hirsch oberhalb des Altherrenweges auf dem Hebammsberg schon des Öfteren bestätigt, er zog aber immer relativ früh am Abend zu Holze. Morgens war er nie zu sehen.

Gestern, am Dienstag, hatte ich zwar im Geschäft zu tun, dank der Rückendeckung meiner lieben Frau Karin, welche mich viel zu früh für immer verließ, konnte ich mich früher als sonst auf der versteckten Hock am Kircheck einschieben. Mein treuer Jagdgefährte „Birko" legte sich zu meinen Füßen unter das Sitzbrett und bald verkündeten seine tiefen und regelmäßigen Atemzüge, dass er im Reich der Hundeträume war.

Leider zog sehr früh dichter Nebel auf und so machte ich mich langsam auf den Rückwechsel zu Futterschüssel und Gerstensaft. Heute nun versuchte ich mein Waidmannsheil erneut, denn ich hatte Mittwochnachmittag immer Ruhetag. Bereits beim Anpirschen konnte ich den Hirsch, es war der von mir und Beni bestätigte II-B-Hirsch, und zwei Stuck auf der herbstlichen Wiese bestätigen. Da mir der Hirsch mit seinen zwei Damen den Weg zu der versteckten Hock versperrte, wo ich gestern vergeblich ansaß, musste ich in der niedrigsten Gangart, nämlich robbend, die Strecke bis zum Weidezaun, der vor mir stand, zurücklegen.

Dort angekommen, musste ich erst nochmal nach dem Hirsch, der in einer kleinen Bodenwelle stand, suchen. Jetzt zog er Richtung Hochwald und stand nun oberhalb der beiden friedlich äsenden Stuck. Am Eckposten des Weidezauns meine .308 Win angestrichen und dem Hirsch ins Leben gehend. Als er scheibenbreit stand, trug ich dem Hirsch die 9,7 grain Win Teilmantel an. Mit einer kurzen Flucht, den Weidezaun überfallend, quittierte der Hirsch den Erhalt der Kugel, um dann mit gespreizten Läufen, wie in Stein gemeißelt, zu verharren. Sofort repetierte ich und schoss nach, woraufhin der Hirsch dann, wie vom Blitz gefällt, zusammenbrach und schlegelnd die Bergwiese herunterwalkte. Noch ein kurzes Schlegeln und der Hirsch war verendet.

Nach der gebotenen Zeit nahm ich meinen BGS, schulterte meinen Rucksack und machte mich auf zu meiner Beute. Beim Hirsch angekommen, zog ich erst einmal meinen alten und verwaschenen Filzhut und erwies dem Geschöpf meine letzte Ehre. Von einer nahegelegenen Fichte holte ich mir einen Zweig als letzten Bissen für den Hirsch und einen kleinen Erlegerbruch für meinen Jagerhut.

Wenn ich hin und wieder in den verschiedenen Jagdzeitschriften Bilder von „glücklichen" Jägern sehe, die eine ganze Forstkultur auf dem Hut haben und meist auch noch auf der falschen Seite, dann bekomm ich Schüttelfrost. Jagd ohne Tradition, richtig gelebt und gepflegt, ist für mich wie eine Hochzeit ohne Braut. Sollen andere darüber denken, wie sie wollen.

Nach der roten Arbeit ging es ans Liefern, was gottlob ohne größere Schinderei ablief, konnte ich doch mit meinem Geländewagen bis kurz vor den Hirsch, es war ein einwandfreier II-B-Abschusshirsch, fahren.

Edles Wild zieht im Revier,
es gehört weder Dir noch mir,
es ist wie wir ein Geschöpf von höh'rer Macht,
drum sei auch ihm Ehrfurcht erbracht.

Hahnenjagern

Mein Freund Hans, Pächter des Oberammergauer Reviers, in dem ich als Jagdaufseher tätig war, hatte auch im Tirolerischen noch ein großes Hochgebirgsrevier gepachtet. In diesem Revier nahe Zams, welches sich von den Innufern bis zum Venetberg erstreckte, waren Reh, Rotwild, Gams, der große und der kleine Hahn heimisch. Auch die Mankei, welche Hans aus dem nahen Kaunertal um- und ansiedelte, fanden hier wieder eine neue, alte Heimat. Die Mankei (Murmeltiere) waren vor der Wiedereinbürgerung auch hier heimisch, sind aber aus unerfindlichen Gründen abgewandert oder ausgestorben.

In diesem schönen und wildromantischen Revier, frei von Tourismus und sonstigen Naturstörern, mit seinen weitläufigen Almböden und Hochlegern war es mir vergönnt, auf Einladung von Hans auf den kleinen Hahn zu waidwerken. Hans hatte jedes Jahr zwei kleine Hahnen und jedes zweite Jahr einen großen Hahn frei.

Im Hahnenmond, an einem Wochenende kam nun der Anruf von Hans: „Toni, pack de zamm, am Wochenend geh'n ma auf'n kloana Hahn."

Ohne lange zu überlegen, meine Frau hatte mich im Geschäft entbehrlich gemacht, packte ich meine Jagdutensillien, Wechselwäsche und meinen treuen BGS-Rüden „Cito" in meinen Suzuki. Über den Fernpass ging es ins schöne Tiroler Landl, leise brummelnd zog der unverwüstliche, aber leider nicht mehr gebaute Suzuki Samurai die steilen Windungen der Fernpassstraße hinauf. Nach gut eineinhalbstündiger Fahrt hatte ich Zams erreicht und weiter ging es über eine sehr steile und schmale Bergstraße dem Bergdorf Grist zu. Von hier aus führte dann ein schmaler und rauer Wirtschaftsweg zur Jagdhütte, welche am Rand eines Hochlegers stand.

Immer höher schraubte sich mein kleiner Geländewagen, bis ich dann endlich die Jagdhütte erreicht hatte. Hans und sein Tiroler Jagdaufseher, der Luis, saßen vor der Hütte und spekulierten mit ihren Spektiven, welche sie auf dem Tisch vor der Hütte auf Stativen aufgebaut hatten, zur gegenüberliegenden Bergseite.

Nach einer kurzen, aber herzlichen Begrüßung wies Luis, ein drahtiger und aufrichtiger Bergjager, mich auf den gegenüberliegenden Berg ein. „Toni, da isch dia Seit'n, wo du morg'n hi muascht, do oben sind dia Hahnen“, sagte er mit seinem unverfälschten Tiroler Dialekt. Mein Blick durch das bereitgestellte Spektiv ließ mich nichts Gutes ahnen. Der Berg, durchzogen von tiefen Gräben und steilen Schluchten, zeigte sich wenig einladend, lag doch in diesen noch meterhoch der Altschnee und abgefahrene Lawinen.

Mittlerweile hatte Hans in der warmen Hüttenstube eine deftige und reichhaltige Marenn aufgetischt und rief uns zu Tisch. Bei Brotzeit und Bier kamen wir drei so richtig ins Dischkrieren (Gespräch), und ehe wir uns versahen, war der Zeiger der Hüttenuhr schon kräftig Richtung Mitternacht gewandert und es wurde höchste Zeit, die Hüttenbetten aufzusuchen. Kurz war die Nacht, denn der Hüttenwecker rief uns unbarmherzig um zwei Uhr früh aus dem warmen Lager. Eine kurze Jagertoilette und ein ebenso kurzes Frühstück mit Instantkaffee und Wurstbrot, bevor wir mit dem alten Toyota Landcruiser die steile Straße Richtung Grist unter die grobstolligen Reifen nahmen. Die Strecke, welche wir auf dieser Talseite runterfuhren, mussten wir auf der gegenüberliegenden Seite wieder rauffahren.

An einem Hochleger stellten wir nahe der Almhütte, welche noch im Winterschlaf lag, unser uriges Gefährt ab, packten unsere Rucksäcke auf den Buckel, hingen uns die Gewehre über und pirschten über die Weidefläche dem Lawinengraben zu. Am Fuß der Altschneelawine angekommen, ging Hans voran und

„Birko“ mit Rehdecke

„Cito von Bschlabs“

Mei kloaner Hoh', Zams/Tirol

Futterstadl, Revier Partenkirchen

schlug mit den Spitzen seiner Bergschuhe kleine, treppenartige Tritte in den harschigen Altschnee. Im Schein unserer Taschenlampen stiegen wir nun in kleinen und kurzen Schritten in der steilen Rinne dem Balzplatz zu. Über uns funkelte, Edelsteinen gleich, ein Sternenhimmel, wie man ihn nur in der unberührten Bergwelt wahrnehmen kann. Auch der abnehmende Mond schickte sein fahles Licht in die tiefen Rinnen und Gräben.

Nach gut einstündigem, schweißtreibendem Anstieg erreichten wir den versteckt gebauten Bodensitz, welcher mit Latschen und Zirbenästen verblendet war. Bevor wir uns in den Bodensitz einschoben, wechselten wir unsere total durchgeschwitzten Hemden gegen eine trockene „Pfoad" aus, dampfte ich doch wie eine alte Lokomotive. Der Mond war nun hinter den Berggipfeln verschwunden, sodass es nun stockdunkel war, als wir auf dem Sitzbrett hinter der Verblendung Platz nahmen.

Sehnsüchtig warteten wir auf den neuen Tag, schlich doch die Kälte langsam, aber sicher an den Füßen empor. Langsam, ja fast zögerlich, kündigte sich der neue Tag an, über der Glanderspitz war der erste Silberstreif am Horizont, als kurz hinter und über unseren Schirm rauschend der erste Hahn einfiel. Zischend und grugelnd begann er mit seinem Minnegesang, wir konnten ihn aber nicht ansprechen, ein Latschenstock verhinderte die Sicht.

Plötzlich fielen auch vor unserem Schirm nacheinander 3 Hahnen auf dem Balzplatz ein und begannen mit ihrem Liebeswerben, sich dabei um die eigene Achse drehend wie Moriskentänzer. Es war für mich, der noch nie Hahnen in freier Wildbahn erleben und schauen durfte, ein überwältigender Anblick, wie diese blauschwarzen Ritter um die Gunst ihrer Liebsten warben. Langsam wurde es heller und mein fragender Blick zum Hans wurde von diesem mit einer verneinenden Kopfbewegung beantwortet. Die Hahnen waren allesamt zu jung, wir Jager sagen Schneider dazu, und sollten noch nicht bejagt werden.

Lange mussten wir noch in unserer Hock verharren und dem Treiben der Hahnen zuschauen, ehe sie allesamt wie auf ein geheimes Kommando abritten. Steif und durchgefroren verließen wir unsere luftige Warte, ehe wir, auf unsere Bergstecken gestützt, auf der steilen Altschneelawine in rasanter Fahrt talwärts rutschten.

Auf der Jagdhütte angekommen, die aufgehende Morgensonne schickte ihre ersten wärmenden Strahlen auf die Almböden und in die Gräben, wurde erst einmal ausgiebig gefrühstückt. Hans machte den Vorschlag es morgen auf dieser Bergseite zu versuchen, ehe wir uns nochmal in die wärmenden Federbetten einschoben und den entgangenen Schlaf nachholten.

Am nächsten Morgen riss uns wieder das penetrante und immer lauter werdende Piepsen des Hüttenweckers aus den wohlig-warmen Federbetten. Nach kurzem Frühstück stiegen wie in den Landcruiser, er hatte schon einige Abstürze hinter sich, und fuhren der Meranz Alm, einem Hochleger, zu. Hans, Luis und ich pirschten in einem lichten Zirbenwald den Schroffen des Venetbergs zu. Bedächtig querten wir, Fuß vor Fuß setzend, die steilabfallenden und brüchigen Felskare. Endlich erreichten wir die in einer alten, wind- und wetterzerzausten Altzirbel versteckt eingebaute Hock, Luis machte es sich hinter einem Latschenboschen (Latschenstrauch) bequem. Mittlerweile war es Tag geworden und im ersten Licht des neuen Tages fielen auf dem tennisplatzgroßen Altschneefleck zwei kleine Hahnen ein. Es dauerte nicht lange, als nochmal zwei Hahnen auf dem Altschneefleck einfielen und ihre Liebesarien in die Weite des Kars hinaussangen.

Leider war auch hier kein jagdbarer Hahn dabei, wir blieben aber noch eine ganze Weile in unserem Bodensitz hocken und lauschten dem Treiben der geflügelten Minnesänger.

Da ich aber am nächsten Tag wieder Geld verdienen musste, das Geschäft und die Schreinerei riefen nach mir, machten wir uns schweren Herzens auf den Rückweg. In der noblen Jagdhütte angekommen, meinte Hans, ohne leibliche Stärkung würde ich wohl den Heimweg nicht überleben, und schob einen pfundigen Schweinsbraten in das Backrohr des holzbefeuerten Hüttenherds.

Nach der leiblichen Stärkung, Schweinsbraten aus dem Holzofen und lauwarmer Kartoffelsalat mit einer halben Münchner Hell hinuntergespült, Herz und Magen, was willst du mehr, machte ich mich auf den Weg, den heimatlichen Gefilden zu.

Auch wenn ich als Schneider heimfuhr, die Einladung für das nächste Jahr hatte Hans bei der Verabschiedung schon ausgesprochen, war ich dankbar und glücklich über das Geschaute und Erlebte.

D'Woidgams

Es war Mitte Oktober und wir hatten ein herrliches Herbstwetter. Die Buchen im Bergwald leuchteten in allen erdenklichen Gelbtönen, das Lahnergras verfärbte sich und erinnerte an goldenen Weizen. Die Hirschbrunft war vorbei und so konnte ich mich wieder anderen Revieraufgaben widmen.

Der Salzstock auf der Rehbreinalm musste neu beschickt werden, denn im Winter war bis lange in das neue Jahr hinein der Salzstock nicht zu erreichen. Da ich Urlaub hatte, fuhr ich bereits nach der Morgenpirsch zu unserer idyllisch gelegenen Jagdhütte am Stierflecken. Nach einem kurzen Jagafrühstück packte ich meinen Bergjager-Rucksack, lud mir einen großen Salzstein, schließlich musste der ja einige Monate halten, auf meine Alukraxe, schnappte mir meine .308 Win vom Haken und machte mich auf den Weg.

„Birko", mein BGS-Rüde, durfte heute mal ohne Leine neben mir laufen. Beim Angehen verwies er mir unweit unserer Hütte frische Rotwildfährten. Stuck und Kalb waren heute Nacht in der Fichtenjugend gewesen und nun in aller Früh in das benachbarte Revier gewechselt.

Wir hatten keine Eile, der Tag war noch jung und so verhofften wir, machten ein Haberl, immer mal wieder, um zu lusen und zu spekulieren. Auf dem vergrasten Steig, genau an der Reviergrenze, kamen wir fast lautlos voran. Nach einer knappen halben Stunde, links der Hochwald vom Nachbarrevier und rechts die Fichtenverjüngung in unserem Revier, auch hier standen frische Rotwildfährten, erreichten wir die steile Rückeschneise. In dieser Rückeschneise, welche bereits mit Buchenanflug und Bergahorn neu bestockt war, führte ein fast unsichtbarer Pirschpfad zum Rehbreinkopf.

Der große Salzstein zog ganz gewaltig Richtung Erdmittelpunkt und trieb mir den Schweiß auf die Stirn. Es war mittlerweile früher Vormittag und die Herbstsonne tat das Ihrige dazu. Ich verlangsamte mein Tempo und setzte die schweren, zwiegenähten Bergstiefel bedächtig Fuß vor Fuß.

Der ganze Bergwald duftete nach Schwammerln, aber ich muss gestehen, außer Steinpilz und Recherl kenne ich sonst keine. Endlich war nun nach einer kurzen Verschnaufpause mein Ziel, der Rehbreinkopf erreicht. Ich deponierte den Salzstein in dem überdachten Salzrafferl, schnitt dieses noch ein wenig aus und pirschte weiter zum Seeblick-Sitz. Das war ein Leitersitz ohne Dach am Rand eines Fichtenaltbestandes. Von hier aus hatte man einen weiten und ungehinderten Blick auf das Murnauer Moos und die Allgäuer Alpen.

Aus der Ferne funkelte, einem Diamant gleich, der Staffelsee in der Mittagssonne. Daher kam auch der Name für unsere Ansitzleiter. Ich genoss die herrliche Ruhe ohne Touristen und sonstige Naturnutzer und meine mitgebrachte Brotzeit. Selbstverständlich durfte auch das „Dachsbräu Hell" nicht fehlen, der Flüssigkeitsverlust muss ja schließlich wieder ausgeglichen werden.

Nach einer ausgiebigen Pause und Erbauung an den Schönheiten unserer heimischen Bergwelt machte ich mich langsam auf den Rückweg, nicht jedoch, ohne vorher bei der nahegelegenen Suhle vorbeizuschauen. Diese war jedoch nur schwach angenommen und so pirschte ich zurück, wollte ich doch noch an der alten Leiter in der Rückegasse ansitzen.

Dort angekommen, legte ich meinen „Birko" unter der Leiter ab und stieg nach oben. Hier im Schatten des Bergwaldes war es bereits merklich kühler als oben auf dem Seeblick-Sitz. Ich legte mir meinen unverwüstlichen Tiroler Lodenkotzen um die Schultern. Allzu lange musste ich nicht warten, als ich aus den Augenwinkeln heraus eine flüchtige Bewegung wahrnahm.

Ich fingerte mein 8x56 Optolyth vom Sitzbrett und spekulierte in den gegenüberliegenden Hochwald hinein. Erst war es nur ein schwarzer Schatten, der sich dann als ein im Wildbret starker und kapitaler Gamsbock erwies. Ich tauschte mein Fernglas gegen meinen unverwüstlichen Repetierer, und als der Bock breit stand, ging ich ihm ins Leben. Langsam zog ich das Züngel durch und im nächsten Moment war das 9,7 gr Teilmantel auf der Reise.

Der Bock quittierte den Erhalt der Kugel mit einer tiefen Flucht talwärts. Nach der obligatorischen Wartezeit, ich zündete mir meine kleine Revierpfeife an, nahm ich meinen „Birko" an die kurze Leine und ging zum Anschuss. „Birko" legte ich aber in einiger Entfernung ab und untersuchte den Anschuss, dort fand ich schwarze, kurze Schnitthaare und dunklen Schweiß.

Da es bereits dunkel wurde und ich nicht auf der frischen Wundfährte in die Nacht hinein suchen wollte, verbrach ich den Anschuss mit einem armlangen Fichtenbruch und kehrte zur Jagdhütte zurück. Von dort aus verständigte ich meinen Jagdherrn, der sich die Geschichte kurz anhörte und dann mit den Worten „endlich ruaft oana oo, damit i aus dem Büro raus kimm", ein Treffen für den nächsten Morgen vereinbarte. Hans führte einen auf Gamswild sehr erfahrenden und wildscharfen BGS-Rüden.

Bereits im Morgengrauen brachen wir von der Jagdhütte aus auf, die Rückegasse, in der der Gamsbock vermutlich im Wundbett lag, weit umschlagend, dem Anschuss zu. Hans untersuchte den Anschuss und mit den Worten, „des wer'n mi glei hom" legte er seinen BGS-Rüden „Alf" zur Fährte, wo er sich sofort festsaugte und der Wundfährte folgte. Alf war ein absoluter und sehr zuverlässiger Freisucher, der fast nie einen Schweißriemen gesehen hatte. Wir folgten „Alf" immer wieder verhoffend und lauschten. Nach einer knappen halben Stunde ertönte der raue Bass von „Alf", der ausdauernd Standlaut gab. Kurz darauf standen Hans und ich vor Bock und Hund und Hans zirkelte dem Bock eine saubere Kugel mit seiner 8x68 Sauer auf den Trägeransatz. Der Bock hatte einen Schuss durch beide Blätter.

Nach der roten Arbeit zog Hans ganz entgegen seiner sonstigen Gewohnheiten einen Flachmann und zwei Stamperl aus seiner Jagerjoppe. „Toni, i bin da Hans und der Bock gehört dir", mit diesen Worten bot er mir das Du an und wir stießen auf die kurze, aber erfolgreiche Nachsuche an. Es versteht sich von selbst, dass es später auf der Hütte noch eine ausgiebige „Bockfeier" gab. Es entwickelte sich eine gute und ehrliche Freundschaft, in der noch viele und heitere Erlebnisse Einzug hielten.

Hans, Du warst ein hervorragender Jagdherr
und sehr guter Freund, der sich auch über
den Jagderfolg anderer freuen konnte.
Schussneid war dir ein Fremdwort.
Vergelt's Gott und Waidmannsheil
in den ewigen Jagdgründen.
Möge Dir die Heimaterde,
welche Dich deckt,
leicht sein.

Mei kloana Hoh'

Mein Jagdherr und Pächter unseres Oberammergauer Reviers hatte, wie bereits weiter vorne im Buch schon mal erwähnt, auch im Tirolerischen eine große Hochgebirgsjagd gepachtet. Und in diesem wild- und artenreichen Revier durfte ich nochmals auf den kleinen Hahn jagern. Für einen Jäger, der die Hahnenjagerei, ob auf den großen Urhahn oder den kleinen Birkhahn, nur aus Erzählungen und Büchern kannte, war das fürwahr wie ein Sechser im Lotto.

Als nun die Jagdzeit auf den kleinen Hahn aufging, fieberte ich dem Tag der Einladung, welche ja im Vorjahr nach erfolglosem Versuch erneut ausgesprochen worden war, entgegen. An einem Morgen klingelte nun das Telefon und am anderen Ende war Hans: „ Du, Toni, am Freitag fahr i nach Zams und dann kannst no mal auf'n klona Hahn geh." Ich brauchte nicht lange zu überlegen und sagte sofort mein Kommen zu.

Am Freitag in aller Früh packte ich meine Jagdklamotten, Wechselwäsche, Munition und Gewehr in meinen kleinen Suzuki, natürlich durfte auch mein BGS-Rüde nicht fehlen, und verabschiedete mich von meiner Frau, welche sich gottlob um unseren Betrieb kümmerte. Leise brummend zog mein Suzuki, der Unverwüstliche, von mir liebevoll nur „Susi" genannt, über den Fernpass in Richtung Zams. Der Verkehr war nicht sonderlich stark, es regnete schon die ganze Nacht und ich hatte keine Eile. So blieb mir ausreichend Zeit, die Gegend zu betrachten und die ohne große Demonstrationen und Gerichtsverfahren errichteten Umgehungsstraßen und Tunnels zu bestaunen. Ja, in Tirol geht manches einfach leichter oder haben dort die Menschen einfach mehr Hirn.

In der Stadt Zams musste ich bei der berühmten Gaststätte „Zur Gemse" links auf die schmale und sehr steile Bergstraße nach

Grist abbiegen. Der Regen hatte zwischenzeitlich Gott sei Dank wieder aufgehört. Durch die weiträumigen, im Sommer reich blühenden Bergwiesen führte die Straße vorbei an einzeln gelegenen Bergbauernhöfen dem Dorf Grist zu.

Hans und sein Jagdaufseher, der Luis, erwarteten mich schon und nach einem ausgiebigen Frühstück bei der alten Schulerin, welche bis vor einigen Jahren das einzige Gasthaus bewirtet hatte, aber jetzt nur noch für „ihre Jager" die Tür öffnete, fuhren wir weiter in Richtung Jagdhütte, eigentlich Jagdhaus.

Die Hütte, oder das Haus, war aus massivem Lärchenholz errichtet worden und verfügte über mehrere Zimmer und eine große Stube mit Küche. Die Hütte lag am Rand eines Hochlegers mit einer großen Freiweide für das Almvieh. Von hier aus hatte man einen ungehinderten Blick ins gesamte Revier und in das Inntal.

Abends saßen wir vor der Hütte und spekulierten wieder auf die gegenüberliegende Bergseite, dort wo ich im Vorjahr bereits auf den kleinen Hahn angesessen hatte. Doch dieses Mal wollte Hans zu einem anderen Balzplatz, welcher oberhalb der Meranz Alm lag. Nach einer ausgiebigen und schmackhaften Brotzeit und einigen Halben von wohlschmeckendem Gerstensaft suchten wir unsere Nachtlager auf. Denn wer auf Hahnen jagern will, muss früh aufstehen. Grad war ich richtig eingeschlafen – es gingen mir noch einige Gedanken durch den Kopf –, zupfte Hans mich am Ärmel und sagte: „Wennst an Hahn jagern wuisst, muasst jetz aufsteh." Es war kurz nach zwei Uhr früh, der Kaffee dampfte bereits auf dem Hüttenofen und auf dem Tisch stand ein kurzes Frühstück.

Noch schlaftrunken machte ich eine kurze Morgentoilette, trank eine Tasse heißen Kaffee und aß ein Honigbrot, bevor ich mir die schweren, zwiegenähten Bergstiefel und meine Lodengamaschen anzog. Meinen grünen Bergjager-Rucksack, aus der Werkstatt des kgl. Hofsattlers Stecher in Gmund, hatte ich bereits am Vorabend schon mit Wechselwäsche, Lodenkotzen und Sitzfleck gepackt. Jetzt nur noch was zum Trinken und eine Marenn eingepackt und dann fuhren wir der Meranz-Alm zu. Zwischenzeitlich fiel wieder leichter Regen vom nachtschwarzen Himmel, was Luis mit einem nicht druckfähigen Spruch kommentierte. Unterhalb der Meranz-Alm ließen wir unseren alten Toyota Landcruiser stehen und pirschten durch den lichten Zirbelhochwald dem Balzplatz zu. Nach ca. 2 Stunden schweißtreibenden Aufstiegs erreichten wir eine steile Rinne, in der noch eine große Altschneefläche die spärliche Vegetation deckte.

Hinter einem Felseck suchte sich Luis einen einigermaßen trockenen Platz, während Hans und ich mich auf einem großen Almrosenfeld niederließen. Hans hatte mir am Vortag seine Bockbüchsflinte 16/70 und 5,6x50 angeboten und nach einigen Probeschüssen auf der Hütte war ich mit dieser vertraut. Mit dem ersten Tageslicht fiel nun ein kapitaler Hahn auf dem Schneefeld ein und begann mit seinem Minnegesang. Hans lupfte ganz vorsichtig sein Zeiss-Fernglas und sprach den Hahn kurz an. „Toni, mach dich fertig, der passt." Auf dem Bauch liegend die Bockbüchsflinte auf meinem und Hans seinem Rucksack aufgelegt, nahm ich den Hahn in die Zieloptik. Einmal musste ich absetzen, denn mein Herz raste wie verrückt, war der Hahn doch gute 50 Meter steil bergauf von uns entfernt. Also noch mal kurz durchatmen, dem Hahn ins Leben gehen und im nächsten Moment kugelte und rutschte der Hahn die steile Felsrinne uns zu. Nur ein paar Federn tanzten noch in der Luft, dort wo der Hahn seine letzte Arie gesungen hatte.

Luis, der inzwischen eingeschlafen war, wurde durch den lauten Knall recht unsanft aus seinen Träumen gerissen, „Ja, bischt du verruckt, mi hätt schier der Schlag treffen können", war seine erste Reaktion, bevor er mir mit seinen rauhen Bergjager-Händen auf die Schulter schlug und mir ein ehrliches Waidmannsheil wünschte. Auch Hans kam etwas benommen vom Boden hoch und sagte zu mir: „Wennst des nächste Mal wieder schiaßt, wenn i ganz nah bei dir bin, dann bin i taub", drehte sich um und stieg in die Felsrinne, klaubte die kleinen Federn auf und brachte mir den Hahn. Er ließ es sich nicht nehmen, den Hahn waidgerecht auf einem Bett aus Almrosen und Latschen zu binden. So geschmückt, trugen wir den stolzen Bergritter, sein Stoss zeigte 3 ½ Krumme, der Jagdhütte zu.

Es wurde eine richtige Fotoaktion vor der Hütte, bevor wir dann den Hahn gebührend feiern und tottrinken konnten. Hans brachte mir einige Wochen später das fertige Präparat, auch das ließ er sich nicht nehmen, welches nun mein Jagerstüberl ziert und genau über mir und dem Computer hängt, an dem ich diese Geschichten schreibe.

Neues Spiel, neues Glück

So dachte ich jedenfalls. Nachdem wir unser schönes Oberammergauer Revier aufgegeben hatten – die Pachtpreis-Vorstellungen der Jagdgenossenschaft mit ihrem neuen Vorstand waren einfach inakzeptabel –, bewarb ich mich beim Bayerischen Forst um einen Pirschbezirk. Und ich hatte das Glück, einen Begehungsschein im Forstamt Garmisch in unmittelbarer Nähe meines Hauses zu bekommen.

Mein alter Freund Jaga-Max hatte dieses Revier als Berufsjäger bis zu seinem wohlverdienten Ruhestand betreut und so hatte ich alle Information über diesen Revierteil aus berufenem Munde und aus erster Hand.

Er half mir bei der Wahl der Standorte für Ansitzmöglichkeiten und war mir auch beim Bau der Sitze und Leitern mit Rat und Tat behilflich. In diesem Revierteil, am Fuße des Kramers – das Revier erstreckte sich vom Lachen im Süden bis zum Hutewald am Pflegersee im Norden –, jagerte ich in bescheidenem Umfang für drei Jahre. Durch die restriktive Jagdpolitik der Forstverwaltung und hier besonders durch den stellvertretenden Amtsleiter, der im Wild nur Waldschädlinge sah, machte mir das Jagern immer weniger Freude.

Als ich an einem Sonntagmorgen eine kleine Morgenpirsch am Kellerleitensteig machte, traf ich die Pächterin der Garmischer Gemeinschaftsjagd und ihren Ehemann, meinen Hausarchitekten, und dieser fragte mich, ob denn die Jagerei hier Freude machen würde. Da ich nun ein durchaus ehrlicher Mensch war, verneinte ich diese Frage und schilderte auch die Gründe dafür. So erfuhr ich, dass sich in absehbarer Zeit in einem Revier in Partenkirchen Veränderungen abzeichnen würden.

Ich hatte dieses Gespräch schon lange wieder vergessen, als mich eines Tages ein Anruf von Reiner, meinem Architekten, erreichte und dieser mich in ihr Grainauer Haus einlud, sie müssten mit mir etwas besprechen. Hier erfuhr ich dann in einer sehr angenehmen Atmosphäre, dass die Partenkirchner Gemeindejagd zur Neuverpachtung ausgeschrieben wäre und sie es gerne sehen würden, wenn ich mich als Pächter bewerben würde, da sie als unmittelbare Reviernachbarn keine Schießer und Schinder haben wollten.

Wer nun die Geschichte unserer durch die Machthaber des Dritten Reichs zwangsvereinten Doppelgemeinde und die historischen Hintergründe kennt, weiß, dass ich wenig Hoffnung hatte, dass ich als Garmischer den Zuschlag für die Partenkirchner Jagd bekommen würde.

Als nun der Tag der Pachtvergabe im altehrwürdigen „Gasthof Schatten“ in Partenkirchen kam, waren von den Bewerbern nur zwei anwesend: ein Garmischer Architekt und mir ebenfalls gut bekannt und meine Wenigkeit. Umso überraschter war ich dann, als bei der Stimmabgabe der Jagdgenossen die stimm- und flächenmäßige Beteiligung mit fast 98 Prozent auf mich fiel.

Als nun der Vorstand mir nach der Gratulation zum Zuschlag auf der Flurkarte die Grenzen und Besonderheiten, insbesondere den Flurnamen, erklärte, sagte ich zu ihm: „Mathias, wennst mir jetz de Kart'n vom Mond hi'legn dadst, kennat i mit genau so wenig aus“, war ich doch als Garmischer noch nie in dieser Gegend von Partenkirchen gewesen. Aber Mathias überhörte meine Einwendung ganz geflissentlich und fuhr mit seiner Einweisung fort.

Da der Vorpächter, dessen Familie die Jagd seit Generationen gepachtet gehabt hatte, und dessen Bruder auf meinen Wunsch hin weiter als Jagdaufseher im Revier blieben, hatte ich alle Informationen aus erster Hand. Und es war eine gute Entscheidung. Jetzt war nur noch die Frage der Übernahme und der Ablösung der Jagdeinrichtungen zu klären, was aber aufgrund der Tatsache, dass diese teilweise erneuerungsbedüftig waren und auch zahlenmäßig sich im Rahmen hielten, schnell erledigt war.

Wir waren uns auch schnell einig, dass die bestehende Rotwildfütterung, eigentlich nur eine Futterstelle, welche auf Familiengrund lag und selbst für Geländefahrzeuge nicht erreichbar war, verlegt werden sollte. Zudem hatte ein Vorderlieger mir die Durchfahrt, selbst mit einem Quad, über seinen Grund versagt. So durfte ich mich nun auf die Suche nach einem geeigneten Grundstück machen und ich hatte meine ganz konkreten Vorstellungen, wie die neue Fütterung auszusehen hatte, war ich doch durch meinen Freund und „jagdlichen Ausbilder", dem Jaga-Max, bestens geschult.

Also ging ich zum Vorstand der Jagdgenossenschaft und trug ihm mein Anliegen vor. Er war sofort zur Mithilfe bereit und sagte mir auch maschinenmäßige Unterstützung zu. So plante ich nun die neue Rotwildfütterung. Ein geeignetes Grundstück war bald gefunden, zwar mussten hier noch umfangreiche Aufräumungsarbeiten – dort war ein Schafstall (Saustall), der fast bis an die Decke mit Mist gefüllt war – durchgeführt werden, aber zum Glück waren meine beiden Jagdaufseher, welche mir zu Freunden wurden, bei der hiesigen Gemeinde und auch mein dritter Jagdaufseher konnte auf schweres Gerät zugreifen.

Wie ich es an den Fütterungen meines Freundes, dem Jaga-Max, gesehen hatte, wollte auch ich hier einen Silo errichten. Hatte ich doch eine Futtermischung nach dem Rezept eines Berufsjägers, der die herzogliche Jagd in Vorderriss betreute, als Futter für mein Rotwild geplant. Die bestellten und bald darauf gelieferten Betonringe wurden vom Mathias, dem Jagdvorstand, mit seinem schweren Bulldog über die steile Forststraße nach oben transportiert. Anfänglich als Hochsilo gebaut, wurde daraus im Folgejahr durch das Auffüllen der Fläche ein frostsicherer Tiefsilo.

Die Fläche „Wasserwiese" machte gerade im Frühjahr ihrem Namen alle Ehre und so entschloss ich mich, das leicht abfallende Gelände – der Silo stand in einer Senke – einzuebnen. Wie nun der Zufall so spielt, wurden gerade im Bereich Griesen, einem außenliegenden Ortsteil von Garmisch, umfangreiche Gleissanierungsarbeiten durchgeführt. Dort lag jede Menge grober, neuer Bahnschotter, der beim Bau übrig geblieben war. Einige Telefonate mit Bahn und Bauunternehmer und ich konnte mir von dieser Halde die benötigte Menge holen. Ein befreundeter Fuhrunternehmer transportierte mir mit seinen Allrad-LKWs dreißig Fuhren zur Fütterung, wo diese mit einem Radlader eingeebnet wurden. So hatte ich gleich drei Fliegen mit eine Klappe geschlagen, der grobe Bahnschotter diente als Drainage, der Silo wurde frostsicher und die Fläche war nun brettleben.

Auf dieser Fläche betonierten wir noch eine dreißig Zentimeter dicke Bodenplatte im Ausmaß von fünf mal acht Metern und errichteten darüber einen großen Futterstadel. So war der Tiefsilo geschützt und auch für das Heu und Kraftfutter für unsere Rehe war nun ausreichend Platz vorhanden. Der Stadel konnte auf einer Längsseite mittels Schiebetor so weit geöffnet werden, dass ich mit dem LKW das gemischte Silofutter (60 %Apfeltrester, 30 % Häckselmais, 10 % Biertrester und zwei Zentner Futterkalk) direkt in den Silo kippen konnte.

Auf der Fläche bauten wir dann noch einen großen, überdachten Futtertisch und „Achentaler Heupresseballen-Raufen", die Bauanleitung hatte ich aus dem Lehrbuch „Reviereinrichtungen selbst gebaut", und am Rande der Fütterung noch eine kleine Futterhütte mit einem „Kälberrechen" für unser Rehwild. Denn auch hier legte ich meinen Rehen das bewährte STM3 vor, welches SKH Herzog Albrecht von Bayern entwickelt hatte.

So gerüstet sahen wir – mittlerweile kamen noch der Michi als jagdliche Verstärkung und Kurbi, der Vorpächter, der sich eine jagdliche Auszeit erbeten hatte und nur noch hegen und fotografieren wollte, dazu – relativ gelassen dem kommenden Winter entgegen. Aber wir hatten die Rechnung ohne den Wirt, pardon das Rotwild, gemacht. Die ausgebrachten Futterschleppen wurden erst gar nicht und später nur sehr zögerlich angenommen, obwohl wir einen strengen und schneereichen Winter hatten. Gottlob waren ja alle drei Mitjäger bei der Gemeinde angestellt und so konnten wir auf eine Pistenraupe, welche hier für die Präparierung der Skipiste eingesetzt wurde, zurückgreifen und damit große Siloballen transportieren. Der Winter kam mit brachialer Gewalt und hatte in wenigen Tagen fast eineinhalb Meter Neuschnee hergeworfen.

Bis auf zweihundert Meter brachten wir das Rotwild an die neue, für sie noch ungewohnte Fütterung heran, nur die letzte Strecke über eine Kante durch den Hochwald wollte das Rotwild nicht ziehen. Nachts hatte ich bereits Schweißausbrüche und Alpträume, sah ich doch im Traum jede Menge Schälschäden und verhungertes Rotwild.

Immer wieder sprach ich mit befreundeten Berufsjägern und holte mir deren Rat, schließlich waren das Fachleute. Da meine beiden Jagdaufseher auf dem Jagdaufseherkurs für bestätigte Jagdaufseher waren, versuchte ich nun zum wiederholten Male, eine neue Futterschleppe aus Silage und feinstem Heu auszulegen. Nur dieses Mal in umgekehrter Richtung, also von der Fütterung zum Einstand. So kämpfte ich mich nun, beladen mit einem Sack duftender Silage und einem großes Sack Heu von der Fütterung durch den steil ansteigenden Bergwald in Richtung der alten aufgelassenen Fütterung. Der Neuschnee lag auch im Bergwald fast einen Meter hoch, entsprechend war auch die Schinderei, drückte doch der Sack mit der Silage gewaltig Richtung Boden. Gott sei Dank wurde er mit jedem Meter etwas leichter, machte ich doch alle paar Meter ein kleines Häuflein mit der Silage und dem Heu.

Durchgeschwitzt und tropfnass war ich nach gut 3 Stunden wieder an der neuen Fütterung zurück. Meine Hose mutierte zur Ritterrüstung, so steif gefroren war diese, denn es herrschte eisige Kälte und ich war froh, kurz darauf die heimatlichen Gemächer erreicht zu haben und ein heißes Vollbad zu genießen. Meine Frau verwöhnte mich noch mit einer Kanne heißem Jagertee.

Nun begann das große Warten und Hoffen, ob das Rotwild nun nach fast drei Wochen täglichen Futterschleppens diese neue Futterschleppe annahm und zur neuen Fütterung zog. Nach einer weiteren mit Alpträumen verbrachten Nacht fuhr ich bereits am frühen Morgen des neuen Tages, es war ein Sonntag, zur neuen Fütterung. Dort angekommen traute ich meinen Augen nicht: Das ganze vorgelegte Silofutter und das gesamte Grummet waren bis auf den letzten Stängel aufgenommen worden. Die Futterbarren waren wie geputzt. Ein Stein, der ein mittleres Erdbeben verursachen musste, fiel mir vom Herzen. Huberti sei Dank!

Es war ein Sonntag führwahr …

De Gams vom Trümmla

Wieder einmal führte uns, Kurbi und mich, der Weg ins Trümmla, dieser versteckt liegenden, aber gut gepflegten Almwiese mit ihrem kleinen typischen Werdenfelser Baumstadel, welche hoch über der Partnachklamm lag. Über die hohe Brücke, die „eiserne Brücke", erreichte man den gegenüberliegenden Weiler Graseck mit den alten Bergbauernhöfen.

Da die Hirschbrunft bereits in vollem Gang war, wollten Kurbi (Korbinian) und ich im Trümmla auf einen bestätigten reifen Hirsch ansitzen. Der Kurbi hatte den Hirsch bereits einige Male dort bestätigt. Das Wetter passte und so pirschten wir, mein BGS-Rüde „Cito" an der Führleine, über einen alten Ziehweg dem Höll, dem Stadel mit seiner kleinen Hock im inneren des Stadels, zu. Dort angekommen, legte ich meinen „Cito" hinter dem Stadel im Anbau ab und dann schoben wir uns in den Sitz ein und machten es uns einigermaßen bequem.

Die sich vor dem Stadel steil bergauf ziehende Wiese war noch nicht gemäht und so standen noch jede Menge Heilkräuter und Kleearten auf der Wiese. Es war windstill, nur eine Singdrossel ließ sich hin und wieder vernehmen.

Von dem bestätigten Hirsch, der einen auffälligen roten Fleck auf dem Ziemer hatte, war weit und breit nichts zu sehen. Von der gegenüberliegenden Talseite drang ab und zu ein kellertiefer Hirschbass zu uns. Dort am „Steilen" war einstmals eine große Rotwildfütterung, welche von dem Berufsjäger Lechner betreut worden war. Seine Hirsche fraßen ihm schier aus der Hand, aber nach der nun geltenden Jagdphilosophie im Staatsforst waren die Hirschstimmen verstummt. Die große Fütterung wurde aufgelassen und das Rotwild gnadenlos reduziert.

Leise, mit verhaltener Stimme unterhielten wir uns über diese berühmte und ehemals große Rotwildfütterung, welche mittlerweile aufgelassen und teilweise abgerissen worden war. Inzwischen war die Abenddämmerung hereingebrochen, aber von dem Hirsch fehlte jede Spur und jeder Ton.

Plötzlich wurde Kurbi unruhig und ich glaubte schon, er wollte zusammenpacken, doch dann zischte er mir zu: „Toni, schau do drüb'n am Waldrand steht a Gams." Die letzte Gams, die in diesem Revier erlegt worden war, war vor zehn Jahren, das Revier war normalerweise kein Gamsrevier (Gamsfreie Zone). Flugs fingerte ich mein lichtstarkes 8x56 Optolyth-Glas vom Sitzbrett und nahm die Gams in die Optik. Tatsächlich stand dort, halb verdeckt von einer alten Randfichte, ein Fetzen-Gamsbock mit starken Krucken. Schnell hatte ich das Fernglas gegen meine .308 Win, auf der gottlob ein 8x56 Zeiss-Zielfernrohr montiert war, getauscht, und als der Bock noch einen Schritt ins Freie trat, trug ich ihm im schwindenden Büchsenlicht die Kugel an.

Mit einem kurzen Rucken, das durch den ganzen Wildkörper ging, bestätigte der Gams den Erhalt der Kugel, es dauerte einige Augenblicke, bis er zusammenbrach und über die steile Wiese herunterwalkte. Kurbi schlug mir mit der Hand auf die Schulter: „Toni, Waidmannsheil, des is seit zehn Jahr wieder de erste Gams."

Also packten wir unsere Sachen zusammen und stiegen zum Gamsbock, der längst verendet war, auf. Trotz der nun vorschreitenden Dunkelheit hielten wir ehrfurchtsvoll eine kurze Wacht, war es doch ein reifer und alter Gamsbock. Seine Krucken zählten 13 Jahresringe.

St. Hubertus sei Dank,
wir erlegten bis zum Ende
der Pachtzeit,
keine einzige Gams mehr.

Mein Partenkirchner Hirsch

Die Hirschbrunft war schon lange vorbei und der Winter hatte in diesem Jahr schon sehr früh seine weiße Pracht über dem Werdenfelser Land ausgeschüttet. Während der wieder einmal schwachen Hirschbrunft konnte kein reifer Hirsch bestätigt werden. Zwar wurde das eine oder andere schwache Hirschl auch erlegt, aber der freigegebene reife Hirsch zog weiter seine Fährten im Revier. Eigentlich hatten wir die Hoffnung, heuer noch einen guten Hirsch zu erlegen, schon aufgegeben.

Es lag bereits eine dünne, geschlossene Schneedecke und die Nächte waren schon empfindlich kalt. Da klingelte dann doch eines Abends das Telefon und mein Jagdaufseher, der Gogo (Georg), erzählte mir von einem Hirschpaar, welches brüderlich zusammen seine Fährten durchs Revier zog. Da Gogo das Paar bereits mehrmals bestätigt hatte, vereinbarten wir uns für den nächsten Tag. Schon früh am Nachmittag machten wir uns auf den Weg zum Stadel vom Roabartn (Grasegger) oberhalb des Sägewerkes vom Baudrexl Sepp. Da hier auf dieser Almfläche keine Ansitzmöglichkeit vorhanden war, machte ich es mir in dem frischgemähten Bergheu im Inneren des Stadels gemütlich.

Gogo, der mich begleitete, suchte sich einen Platz in den Haselnussstauden, welche die Wiese zum Nachbarn abgrenzten. So verging eine Stunde um die andere, die Dämmerung brach herein und auch die noch ungewohnte Kälte kroch durch den Ansitz-Overall in die Knochen und es wurde zunehmend ungemütlicher. Durch die Kälte wurden auch die Finger steifer, Fingerhandschuhe taugen halt nicht für die Jagerei.

Gerade, als ich den Entschluss fasste, langsam abzubrechen, hörte ich vom Waldrand her das Krachen von Geweihen, wie wenn zwei Hirsche zusammenfahren würden.

Schlagartig waren die Kälte und die aufkommende Müdigkeit vergessen. Immer wieder hörte ich das Krachen der Geweihe und es kam immer näher. Mit meinem lichtstarken 8x56 Optolyth glaste ich den Waldrand ab. Mittlerweile war es bereit dunkel geworden, nur das fahle Mondlicht brachte auf der harschigen Schneedecke noch genügend Licht. In einer Stunde würde die Jagdzeit vorbei sein. Plötzlich tauchten aus einer Bodenmulde die weißen Spitzen es Hirschgeweihes auf. Langsam und immer wieder spielerisch mit den Geweihen schlagend, trollten die beiden Brüder auf die verschneite Bergwiese. Ihr Ziel war wahrscheinlich die offene Rehwildfütterung an der Hinterleiten, wo sie auch von Gogo bestätigt worden waren.

Dort legten wir für unser Rehwild das Rehwildfutter STM3 vor, welches in einem Futterautomaten dem Rehwild immer zur Verfügung stand. Für die Hirsche waren das natürlich ungewohnte Leckerbissen. Langsam zogen die beiden über die Harschschneedecke nun über die steile Bergwiese. Der zweite der beiden Hirsche war das Ziel meines kurzen Ansprechens. Es war der im Wildbret und auch in der Wehr der schwächere der beiden.

Ich wechselte mein Fernglas gegen meine bewährte und unverwüstliche .308 Win mit dem 8x56 Zeiss und ging dem Hirsch von oben ins Leben. Der Hirsch quittierte die Kugel mit einem kurzen Aufbäumen, ehe er über die Schneedecke in eine Erlenfeldhecke rutschte. Der andere Hirsch, der etwas oberhalb stand, blieb noch eine ganze Weile stehen. Erst als der zweite Schuss donnerte, suchte er trollend das Weite.

Als ich aus dem Stadel stieg, kam mir Gogo schon entgegen und ich fragte ihn, ob er denn nachgeschossen hätte, er lachte und sagte: „Naa, aber auf dein Schuss hi is unten a Reh wegsprunga und mir brauch'n doch no oans."

Zusammen gingen wir zum längst verendeten Hirsch, der unter einem Erlenstrauch lag, er hatte einen sauberen Tiefblattschuss. Es war ein ungerader Zwölfer und wog aufgebrochen 120 Kilo, das Jagdessen war gerettet. Das Geweih wog nach einem Jahr noch 6 Kilo.

Gogo rief seine Frau an, eine ebenfalls jagdbegeisterte Ehefrau, sie solle doch mit dem Jeep und dem Anhänger kommen, um einen Hirsch und ein Reh in die Zwirch (Zerwirkkammer) in meinem Haus zu liefern.

In der Zwirch, welche ich in meinem Haus samt Kühlraum eingebaut hatte, denn nur so ist eine ordentliche Wildbretversorgung möglich, war dann das große Hallo. Denn meine liebe, leider viel zu früh von uns gegangene Frau wartete schon auf unsere Ankunft. Nach dem ordentlichen Versorgen und Begutachten von Hirsch und Reh schmeckte dann auch der helle Gerstensaft vom Ettaler Klosterbräu.

Der Bruder wurde zwei Jahre später, als er während der Brunft auf Brautschau das Kahlwild im Garmischer Nachbarrevier beglückte, von der langjährigen Pächterin des Reviers mit einer sauberen Kugel erlegt. Er war inzwischen zu einem kapitalen Vierzehnender herangewachsen und brachte 140 Kilo auf die Waage. Es war der erste Hirsch der Klasse I, den die Pächterin, mit der ich ein gut nachbarschaftliches Verhältnis pflegte, in über dreißig Jahren in ihrem Revier erlegt hatte. Es war mir vergönnt, bei der Bergung und Lieferung des Waldfürsten mitwirken zu dürfen, wusste die glückliche Erlegerin doch, dass dieser Hirsch seine Fährten in meinem Revier zog.

Selbstverständlich wurde der Hirsch im Hause der Erlegerin gebührend gefeiert und so einige Bier gingen über den Tisch. Da der Hirsch für das festliche Jagdessen bestimmt war, war ich als Gast und Freund des Hauses ebenfalls eingeladen.

Ich hatte noch nie eine Jägerin oder einen Jäger gesehen, der sich so von Herzen und ehrlich freute.

Der Hirsch vom Schweitzer

Der „Schweitzer“ heißt eine Almwiese hoch über Partenkirchen, kurz unterhalb vom Eckbauer. Diese Bergwiese wurde von ihrem Besitzer, eben diesem Schweitzer (Hausname) – bei uns im Werdenfelser Land haben fast alle Einheimischen neben dem profanen Namen auch einen Hausnamen[2] – immer noch regelmäßig gemäht. Hier blühen im Sommer die verschiedenartigsten Bergblumen und Kräuter.

Im Winter diente ein Teil der großen Bergwiese als Skiabfahrt vom Eckbauer nach Partenkirchen ins Olympia-Skistadion. Hier wurde die Fläche auch von den Mitarbeitern der Gemeinde (Streckerer) gemäht und gepflegt und genau auf diesem Bergrücken war immer eine feine und artenreiche Äsung zu finden. Hier fühlte sich mein Rot- und auch das Rehwild sichtlich wohl, war doch im Sommer fast keine Störung durch Wanderer oder sonstige „Waldläufer“.

Dort war der „Hochsitz“ von meinem Vorpächter, ein Sitzbrett hoch in einer Randfichte ohne Leiter. Wenn man dort ansitzen wollte, musste man auf den Ästen nach oben klettern. Doch da ich weder Baumkletterer noch Partisane war, hatte ich mich für den Bau einer geschlossenen Kanzel ganz in der Nähe entschlossen. Schnell war auch die Genehmigung des Grundbesitzers eingeholt und so bauten wir dort eine pfundige Kanzel, in der locker zwei Personen samt Jagdausrüstung Platz fanden. Die Kanzel wurde innen allseitig gedämmt und mit Klappfenstern versehen, sodass das Wild ohne Störung beobachtet werden konnte. Ganz in der Nähe der Kanzel zimmerte ich noch eine

[2] Hausnamen sind seit altersher in unserem Landl gang und gäbe, sie fanden ihren Ursprung zum Teil in den verschiedenen Berufen oder über die Herkunft der Vorfahren. Diese Hausnamen werden heute noch sehr häufig verwendet, ja es kann passieren, wie mir bei der Übernahme der Partenkirchner Jagd, dass nach dem profanen (amtlichen) Namen erst überlegt werden muss. (Beispiel: Sodla = Sattler, Soala = Seiler). Aber das nur zur Erklärung und nun zurück zu unserem Hirschen.

Salzraffel. Und für unser Rehwild stellten wir am Waldrand einen großen Futterautomaten (in meiner Schreinerei gefertigt) auf und zäunten diesen mit einem Kälberzaun gegen das Rotwild ein. In diesem Automaten boten wir unserem Rehwild das bewährte Pelletfutter STM 3, welches gern aufgenommen wurde. Dieses Futter, hatte den entscheidenden Vorteil, dass es im Pansen der Rehe nicht quoll.

Gegenüber der neuen Kanzel stieg die Skiabfahrt, welche mittlerweile aber aufgelassen worden war, zwischen zwei Waldstücken steil bergauf. Genau auf der Hälfte der Schneise befand sich ein Wechsel, den die Hirsche zur Brunftzeit gerne annahmen. Die große Almwiese war ein gut besuchter Brunftplatz.

Heute, es war Sonntag und die Hirschbrunft war in vollem Gange, wollte ich auf der Kanzel auf einen Hirsch ansitzen. Tags zuvor hatte ich beim Zurückpirschen von der kleinen Bodenhock unterhalb der Schweitzerwiese einen starken Zwölfender, der seine ganze Liebeslust herausschrie, im fahlen Mondlicht erspäht.

Ich fuhr bereits recht früh am Nachmittag ins Revier und steuerte meinen unverwüstlichen Suzuki auf der schmalen und steilen Bergstraße, eigentlich nur ein Wirtschaftsweg, dem Eckbauer zu. Des Öfteren musste ich kopfschüttelnd stehenbleiben, weil einige Rucksacktouristen, welche für die Jagerei kein Verständnis hatten, die ganze Breite der Straße einnahmen. Die Bemerkungen, welche mir durchs offene Autofenster zugerufen wurden, möchte ich lieber nicht wiederholen.

Leider nimmt bei der Bevölkerung das Verständnis für die Jagd infolge verzerrender Berichterstattung in den Medien und gewollter Falschinformation immer mehr ab. Wenn man aber Gelegenheit hat, in einem persönlichen Gespräch mit diesem Personenkreis emotionslos über Sinn und Zweck der waidgerechten

Jagd zu informieren, kommt oft das große Erstaunen. Viele sehen nur den Jäger mit dem Gewehr, der auf arme Tiere ballert, sie wissen aber nicht um die Hege und die damit verbundene, oft kräfteraubende und zeitintensive Arbeit.

Aber weiter zu unserer Geschichte. Als ich mit meinem kleinen Geländewagen aus dem Wald herausfuhr, lag die große Bergwiese „Schweitzer" vor mir und gab mir die Sicht auf das ganze Bergmassiv mit Alpspitze, dem Waxenstein und der Zugspitze frei. Herrliche Bergwelt, meine Heimat, ich könnte nirgendwo anders leben. Ich danke unserem Herrgott, dass er mich in dieses wunderschöne Werdenfelser Landl hat fallen lassen. Auf der Bergwiese, welche nun gemäht war und auf der bereits wieder frisches Gras nachwuchs, stellte ich meinen Wagen hinter dem mit duftendem Bergheu gefüllten Baumstadel ab. So war er vor den Blicken allzu Neugieriger gut gedeckt.

Ich holte meinen Bergjager-Rucksack vom Rücksitz griff mir meinen .308 Win.-Repetier und meinen Bergstecken, leinte meinen BGS-Rüden „Cito" an und pirschte zu der gut gedeckten Kanzel. Dort legte ich meinen „Cito", wie gewohnt, am Leiterfuß ab und stieg die Leiter hinauf. Leise knarzend ließ sich die Kanzeltür öffnen. Beim nächsten Mal etwas Öl mitbringen, schoss es mir durch den Kopf, ich öffnete die Klappfenster, um den alten Mief gegen die frische und würzige Bergluft zu tauschen. Dann richtete ich mich auf der Kanzel gemütlich ein, der Filzfleck für den Sitz und eine Brotzeit wanderten aus meinem Rucksack und so wartete ich auf die Dämmerung.

Langsam, fast im Zeitlupentempo, versank die Sonne hinter dem Gipfel der Zugspitze und die aufkommende Dämmerung tauchte alles in ein weiches und schemenhaftes Licht, es kehrte Ruhe im Bergwald ein. Plötzlich hörte ich von der Bräumeisterwiese, welche oberhalb der Partnach lag, den ersten Hirsch schreien. Lange dauerte es, bis ihm ein zweiter Hirsch antwortete, und ich tadelte mich im Stillen, dass ich auf der falschen Talseite saß. Immer wieder und zorniger duellierten sich die beiden Kontrahenten.

Bereits am Aufgeben und den heutigen Tag als Schneiderfahrt verbuchend, bemerkte ich am rechten Waldrand, dort, wo der Bergwald steil zur Partnach abfällt, eine Bewegung. Zuerst waren es nur die tiefhängenden Äste der Randfichte, die sich bewegten, schnell griff ich zu meinem lichtstarken Fernglas und glaste die Stelle ab. Ganz langsam schob sich ein geringes 8er-Hirschl unter den Fichten hervor, ein typischer Abschusshirsch. Schnell tauschte ich das Fernglas gegen meinen .308 Win-Repetierer mit dem 8x56 Zeiss und wartete, bis der Hirsch weiter ins Freie zog. Als er kurz verhoffte, ging ich dem Hirsch ins Leben und als das Absehen kurz hinter dem Blatt stand, schickte ich die 9,7 gr Remington TM auf die Reise.

Der Hirsch zeichnete kurz und mit einer steilen Flucht suchte er das linke Waldstück auf. Ich wollte mich gerade selber beglückwünschen, war hier die Bergung und Lieferung ein Kinderspiel, als der Hirsch mit lautem Gepolter zurückflüchtete und in dem steil abfallenden Bergwald verschwand. So manch unfromme und nicht wiederzugebende Wünsche begleiteten den Hirsch. Nach der selbst auferlegten Pause, meine Pfeife schmeckte mir heute auch nicht mehr, stieg ich von der Kanzel, nahm „Cito“ an die Leine und stieg zum Anschuss rauf. Dort fand ich jede Menge hellroten, blasigen Schweiß und ich konnte sicher sein, dass der Hirsch lag.

Ich ging der gut sichtbaren Fluchtfährte nach, „Cito“ hatte ich bei meinem Rucksack abgelegt. Im Hochwald brauchte ich schon die Taschenlampe und dann sah ich den Hirsch ca. 50 Meter tiefer an einer alten Fichte gelehnt liegen. Ich stieg zu dem längst verendeten Hirsch hinunter. Vor mir lag ein im Wildbret schwaches dünnstangiges 8er-Hirschl mit kurzen Augsprossen. Nach der roten Arbeit begann nun die elendige Schinderei, den Hirsch nach oben zu transportieren, denn nach unten gab es keine Möglichkeit.

Schweißgebadet und schier am Ende meiner Kräfte, aber glücklich hatte ich den Hirsch nach fast 2 Stunden auf dem Liefergestell meines Suzuki. Nach einer Verschnaufpause stieg ich in meinen Wagen und ließ ihn im kleinsten Gang talwärts rollen, der Wildkammer und dem heimischen Herd zu. Gerade als ich aus dem Bergwald heraus auf die Schönauwiese fuhr, sprangen mir im Scheinwerferlicht noch zwei Rehgeißen mit ihren diesjährigen Kitzen über den Weg.

Nach dem Versorgen des Hirsches in meiner heimischen Wildkammer, gönnte ich mir trotz der fortgeschrittenen Stunde noch eine ausgiebige Brotzeit und einige Halbe des gut gekühlten Ettaler Weißbiers.

Der Hirsch von der Schönau oder wie man einen Pächter vergrämt

Die Schönau war eine Bergwiese oberhalb von Partenkirchen und über die steile Straße zum Eckbauer zu erreichen. Diese Straße, eigentlich ein Weg, durchtrennte die Schönau fast genau in der Mitte. Während auf der rechten Seite die Wiese nur einmal im Jahr gemäht wurde, war die linke Seite eine gepflegte und mit Bergblumen und Kräutern bewachsene Wiese. Leider hatte der Besitzer dieser Wiese, ein ehemaliger Jäger und in Oberammergau mein Nachbar als Aufsichtsjäger, die irreale Vorstellung, die angrenzende Steilfläche zu einem Mischwald hochzubringen. Zu diesem Zweck kaufte er bei einem ortsansässigen Landschaftsgärtner geschultes Pflanzgut. Diese Jungbäume waren für diesen Standort untypisch.

Nun waren aber genau diese Pflanzen für unser Rot- und Rehwild wie ein Magnet. Deswegen hatte der „Waldbesitzer" allerlei Vergrämungsmittel, von der leeren Bierdose über rotweiße Flatterleinen bis hin zu alten CDs, welche er auf dünne Schnüre hängte und diese zwischen den Bäumen spannte, angebracht. Ein wahrlich „schönes" Bild in einem Bergwald.

Just auf dieser Wiese, welche wirklich gut gepflegt war und eine gute Äsung bot, fühlten sich Hirsch und Reh pudelwohl. Waren doch die vorkommenden Kräuter die ideale Naturapotheke für unser Wild. So blieb es halt auch nicht aus, dass sich so manches Reh an den, ach so anders schmeckenden Bäumchen vergriff. Da half der ganze „Unrat", den der Waldbauer da als Vergrämungsmittel eingebracht hatte, nichts. Deshalb bauten wir dann eine ganz versteckte Bodenhock in eine kleine Bauminsel, um von hier aus auf das Rehwild und auch auf Rotwild, welches sich jedoch erst im Herbst einstellte, zu jagern.

Obwohl wir hier gut in den Rehwildbestand eingriffen und zudem von mir noch Wildvergrämungsmittel, Duftstoffe etc. einsetzten und der Verbiss auch spürbar zurückging, was selbst ein herbeigerufener Forstgutachter bestätigte, entbrannte ein nicht enden wollender Streit mit dem Grundbesitzer. Immer wieder zettelte er von Neuem einen Streit an, der bis ins Persönliche ging. Selbst die Jagdgenossenschaft konnte diesen Genossen nicht in die Schranken weisen.

Als nun auch noch ein Hirsch seine drei frisch gepflanzten Lärchen samt Pflanzpfählen kurz und klein schlug, war endgültig Feuer am Dach. Es musste schon ein kapitaler Hirsch gewesen sein, der dies angerichtet hatte. Also war wieder verstärktes Ansitzen und Ankirren an der Tagesordnung. Aber alles Ansitzen meiner Jagdaufseher zu allen möglichen und unmöglichen Zeiten führten nicht zur Erlegung des Hirsches. Wir wurden dessen nicht mal ansichtig, er trat mitten bei der Nacht aus und war am Morgen schon wieder im Einstand verschwunden.

Und so ging der Herbst ins Land und der Hirsch ward immer noch nicht erlegt worden. Die Rotwildfütterung kurz unterhalb der Schönau war für den kommenden Winter mit allem Futter und Silo beschickt und so konnte ich mich wieder verstärkt um die Jagerei kümmern und wollte heute in dieser versteckten Hock auf den Hirsch jagern.

So fuhr ich bereits am späten Nachmittag ins Revier, langsam brummend zog mein kleiner Suzuki über die steile Bergstraße, vorbei an der Rotwildfütterung, der Schönau zu. Weit unterhalb der kleinen Feldholzinsel, an deren Rand die Hock eingebaut war, ließ ich meinen Wagen stehen und pirschte, meinen BGS „Cito" an der Führleine, bedächtig dem Bodensitzerl zu. Da es noch hell war, machte ich es mir in der Hock einigermaßen gemütlich, „Cito" lag unterm Sitzbrett auf meinem alten Wetterfleck. Als ich so saß, machte ich mir meine Gedanken über diese wahrlich nicht angenehme Situation. Wir taten alles erdenklich Mögliche, aber dieser „Jagdgenosse" fand immer neue Anschuldigungen. Mir ging es nicht aus dem Kopf, war er doch selber einmal Jäger und Jagdaufseher gewesen.

Über das Grübeln und Sinnieren war nun die Dämmerung hereingebrochen und so konzentrierte ich mich wieder auf die Jagerei. Es dauerte nicht lange, als es neben und etwas oberhalb von mir steinelte und brechende Äste ziehendes Rotwild verrieten. Immer wieder knackten Äste und man hörte deutlich, dass hier mehrere Stücke ihre Fährten zogen. Kurz bevor die Nacht ihren schwarzen Mantel über Berg und Tal legte, bemerkte ich hinter einem Haselnussstrauch einen hirschroten Fleck.

Ganz langsam und vorsichtig schob sich ein geringes 8er-Hirschl aus der Deckung und zog auf die von meinem Jagdaufseher ausgeworfenen Äpfel in die freie Bergwiese. Vorsichtig legte ich mein Fernglas neben mir auf das Sitzbrett und fingerte meinen .308 Win-Repetierer aus der Ecke. Ohne Hast ging ich dem nun breitstehenden Hirschl von oben her ins Leben, und als das Absehen meines Zielfernrohres kurz hinterm Blatt stand, schickte ich das Teilmantel-Geschoss auf die Reise.

Der Hirsch zeichnete kurz und drehte sich auf den Hinterläufen, um dann nach kurzer Flucht in der Fährte zusammenzubrechen. Nach der obligatorischen Wartezeit stieg ich zu dem längst verendeten Hirsch, steckte ihm den letzten Bissen in den Äser und hielt ihm noch eine kurze Totenwacht.

Ich hoffte, dass nun wieder Ruhe einkehren würde, und auf einen gütlichen Ausgang des Streits, aber leider hatte ich die Rechnung ohne den Grundbesitzer gemacht. Dieser stieg ohne Erlaubnis während der Fütterungszeit in unsere talseitig eingezäunte Rotwildfütterung und entwendete ausgelegtes Silofutter, welches er nicht kannte, um es bei der unteren Jagdbehörde zur

Untersuchung einzureichen. Die aber lehnte dieses Vorgehen ab und ermahnte den „Jagdgenossen", weiterhin solche Schritte zu unternehmen. Selbst die Androhung einer Anzeige wegen Hausfriedensbruch brachte keine Einsicht.

Da sich der Streit nun auch immer persönlicher gestaltete, was meine Person und Familie anging, und auch Sachbeschädigungen an unserem Eigentum (Fütterung) vorkamen, entschloss ich mich schweren Herzens und auch zum Bedauern der Jagdgenossenschaft, die Pacht frühzeitig nach zehn Jahren zu beenden.

Zur Klarstellung möchte ich aber erwähnen, dass ich all die Jahre mit den Partenkirchner Jagdgenossen ein vertrauensvolles Verhältnis hatte und auch heute noch gute Kontakte habe. Bessere Jagdgenossen, was auch die gut besuchten jährlichen Jagdessen, welche ich abhielt, zeigten, kann man sich nicht wünschen. Gerne erinnere ich an so manch kleines Geschenk einiger Jagdgenossen und viele Worte des Dankes.

Aber wenn kein Frieden herrscht im Revier und das Jagern keine Freude mehr bereitet, dann muss man die Konsequenzen ziehen. Wie sagte mein Vater immer: „Bua, lass di ned ärgern, woanders gibt's a aa Wuid."

Lieber ein Ende mit Schrecken als ein Schrecken ohne Ende

Benis Geburtstagshirsch

An einem späten Septembertag, ein richtiger Altweibersommer-Tag, verabredeten Beni, mein Jagdkamerad, und ich uns zum Hirschjagern. Hans wollte in seinem Tiroler Revier noch auf einen kapitalen Hirsch jagern und hatte uns freie Büchse, eigentlich hatten wir die immer, gegeben. Hans war ein Jagdherr, dem Schussneid ein Fremdwort war und der sich mit uns über jeden Jagderfolg ehrlich und aufrichtig freuen konnte.

Und so trafen wir uns bereits am Nachmittag auf unserer Jagdhütte am Stierflecken. Für die später geplante Brotzeit wurde der mitgebrachte Gerstensaft im Trog des Hüttenbrunnens verstaut. Beni hatte aus seinem Heimatort einen Kasten „Dachsbräu Hell", ein edles Getränk, mitgebracht.

Nachdem wir ausgekartet hatten, wer wo hingeht, machten wir uns getrennt auf den Weg zu unseren Ansitzen. Vorher vereinbarten wir, uns gegenseitig zu Hilfe zu kommen, wenn einer von uns zum Schuss käme.

Ich hockte schon eine ganz Weile, mein BGS-Rüde „Birko" schnarchte am Fuß der Leiter leise vor sich hin, als sich eine starke Rehgeiß mit ihrem Kitz aus der Dickung schob. Freudig betrachtete ich das Mutter-Kind-Treiben, das Kitz sprang wie ein Gummiball voller Freude auf der Bergwiese herum, während die Geiß vor sich hinäste.

Langsam schob sich die Dämmerung über den Aufackergrat und das Schusslicht nahm von Minute zu Minute ab. Geiß und Kitz waren wieder in der Dickung verschwunden und so konnte ich, ohne Beunruhigung zu verursachen, meinen Hochsitz verlassen.
Gerade als ich meine Zwiegenähten auf die oberste Leitersprosse setzte, ertönte das dumpfe Grollen von Benis .300 Win

Magnum. Jetzt aber nichts wie zurück zum Auto und Beni beim Bergen und Liefern helfen, denn inzwischen war die Dämmerung der nächtlichen Dunkelheit gewichen. Da weder Mond noch Sterne am Himmel standen, war es finster wie in einem Kuhmagen. Ich ließ meinen Suzuki etwas flotter als sonst die steile Bergstraße von der Romanshöhe hinunterrollen, als ich auf dem Gegenhang das Lichtsignal von Benis Taschenlampe erspähte.

Er war am Manglberg, hinter der wilddicht eingezäunten Fichtenverjüngung unseres Jagdvorstandes, dem Hinterbeiler Martin, auf der kleinen Leiter angesessen. Dort war ihm im letzten Büchsenlicht ein ungerader Zehner mit engestellten Stangen, ein typischer II-B-Hirsch, zugestanden. Auf den Schuss hin war der Hirsch in hoher Flucht in Richtung Graben und dort über den Rand hinuntergestürzt. Nach etwa hundert Metern wurde seine Talfahrt in dem steilen und unwegsamen Graben von einer Altfichte gestoppt.

Da es ja mittlerweile zappendustere Nacht war und wir nicht wussten, wie es nach unten weiterging, entschlossen wir uns, den Hirsch bergwärts zu bergen. Nur wer schon mal im Berg gejagert hat, weiß, was das für eine Schinderei ist, einen 120-Kilo-Hirsch gut hundert Meter bergauf zu ziehen.

Unendlich lange erschien es uns, und als wir endlich oben über die Grabenkante krochen und ebenen Boden unter unseren Bergschuhen hatten, waren Beni und ich total ausgelaugt und fühlten uns dem Sterben näher als dem Leben. Umso mehr freuten wir uns, dass es nun fast eben über die Bergwiese, entlang der eingezäunten Verjüngung ging. Gemeinsam zogen wir den Hirsch am Lieferseil in Richtung Benis Auto.

Beni wollte natürlich unserem Jagdvorstand, dem Führler Martin, vulgo Hinterbeiler[3] , trotz der vorgerückten Stunde noch

[3] Hinterbeiler = Hausname

seine Beute zeigen und so fuhren wir gemeinsam zu dessen großen Bauernhof mitten im Dorf.

Nach eingehender Begutachtung erzählte Beni die ganze Geschichte von der Schinderei mit der Bergung des Hirsches, da fing der Martin schallend zu lachen an und sagte: „Des kimmt davo, wenn ma s'Revier nit kennt. Ward's no zehn Meter nunter ganga, da is aa Tor im Zaun und so ward's eba fira kemma." (Das kommt davon, wenn man das Revier nicht kennt. Wärt ihr noch zehn Meter nach unten gegangen, dort ist ein Tor im Zaun und ihr wärt eben nach vorn gekommen.)

In der Küche vom Hinterbeiler wurde dann der erhebliche Flüssigkeitsverlust mit dem bayrischen Nationalgetränk wieder ausgeglichen, bevor es zurück zur Jagdhütte ging. Der Geburtstag von Beni war gesichert und wurde mit einer eindrucksvollen Trophäe gekrönt.

Der Gewitterbock

Es war ein schwülheißer Tag, wie wir sagen, ein „dampfiger Dog“ im August. Meine Frau wollte heute zum Bummeln und Einkaufen in die Landeshauptstadt fahren und ich hatte das Trümmla hoch über der Partnach als Ziel. Diese kleine, versteckt liegende Bergwiese mit ihrem urigen Baumstadel war immer für einen Ansitz gut. Im Stadel hatten wir uns eine kleine Hock gebaut und konnten so ungesehen und unbemerkt ansitzen. Der Duft des frisch gemähten Bergheus nahm jede Witterung.

Am frühen Nachmittag – ich wollte noch eine kleine Revierrunde drehen – packte ich meine Jagdutensilien, meinen Bergjager-Rucksack, Lodenkotzen und meine Steyr .243 Win in meinen unverwüstlichen, aber leider nicht mehr gebauten Suzuki. „Cito“, mein BGS-Rüde, sprang auf seinen Platz auf dem Rücksitz.

Nach der Revierrunde – ich hatte kurz in der Rotwildfütterung vorbeigeschaut, schließlich stand ja auch für uns das Einfahren des Winterfutters, nur feinstes Grummet, bevor – lenkte ich meinen Wagen über die steile und schmale Bergstraße zur Partnachalm. Immer wieder musste ich stehen bleiben und die Horden der Bergwanderer und Bergradler vorbeilassen.

Endlich war ich an der Partnachalm, einer beliebten Einkehr, angekommen. Ich stellte meinen Suzuki auf den Platz hinter dem Haus – es musste ja nicht gleich jeder wissen, dass der Jager im Revier war. Ich warf mir meinen Rucksack auf den Buckel, hängte mir meine geliebte Steyr um und griff nach meinem Bergstecken. Mit „Cito“ an der Rucksackleine pirschte ich über die reichen und fruchtbaren Bergwiesen dem Trümmla zu. In der Höll, einem immer feuchten und schattigen Wirtschaftsweg, ließen auch die sommerlichen Quälgeister, wie Bremsen und Mücken, von ihren Angriffen ab.

Im Trümmla angekommen, stellte ich fest, dass der „Racher“, so der Hausname des Bauern, das Heu bereits eingebracht hatte. Ich hob meinen treuen Begleiter über den hohen Einstieg in das Innere des Stadels und stieg hinterher. Die Lodenkotze diente uns in dem frischen und würzig duftenden Heu als Unterlage. Meinen Rucksack richtete ich mir als Auflage für meine Steyr. Wir saßen schon eine ganze Weile, als vom Tirolerischen her dunkle Wolken, begleitet von dumpfem Donnergrollen, aufzogen. Da mein Begehren heute einem alten Hirsch mit ungeraden zwölf Enden galt, blieb ich im Stadel sitzen.

Da das Gewitter nun doch bedrohlich näherkam, entschloss ich mich doch zum Rückzug. Immer kürzer waren die Abstände zwischen Blitz und Donner. Gerade als ich beim Zusammenpacken war, blendete mich vom Waldrand her ein roter Fleck. Vorsichtig führte ich mein 8x56 Optolyth-Glas an die Augen und sprach den Reckbock, als solcher hatte sich der rote Fleck erwiesen, an. Dort am Wiesenrand stand ein alter Bock mit einer knuffigen und gut geperlten Wehr. Unter meinem Lodenkotzen repetierte ich eine Patrone in den Lauf meiner Steyr. Der Bock war noch weiter auf die Bergwiese gezogen. Langsam ging ich dem Bock wie immer von oben ins Leben, und als er nach einem kurzen Pfiff verhoffte, schickte ich die Kugel auf die Reise. Mit einer kurzen Flucht bestätigte der Bock den Erhalt der Kugel und rutschte, kurz mit den Läufen schlegelnd, die steile Bergwiese hinunter dem Stadel zu.

Da ich von meinem Sitz aus sehen konnte, dass der Bock seine letzte Reise angetreten hatte, verzichtete ich auf die obligatorische Wartezeit, das herannahende Unwetter drängte zur Eile, und stieg zu dem Bock auf. Bereits während der roten Arbeit verkündeten mir das unheilvolle Rauschen und erste schwere Regentropfen, dass der Himmel seine Schleusen weit öffnete.

Schnell den Bock in meinem Bergjager-Rucksack verstaut und dann galt es, mit raumgreifenden Schritten den Rückzug anzutreten.

Aber bereits in der Höll, scheinbar gibt's in jedem Revier eine Höll, brach dann wirklich die Hölle los. Blitz und Donner folgten Schlag auf Schlag und der aufkommende Sturm peitschte den Regen waagrecht vor sich her.

Ich bekam es nun tatsächlich mit der Angst zu tun, obwohl ich eigentlich kein ängstlicher Mensch war, meinen Rucksack mit dem Bock legte ich unter eine Fichte, die am Wegrand stand, und meinen Repetierer stellte ich ein paar Meter weiter an den Baum. Die Höll machte ihrem Namen alle Ehre, Blitz und Donner, dazu der peitschende Regen. Ich fasste mir ein Herz und rannte so schnell es ging zu meinem Wagen und fuhr dann über die Bergwiese zur Höll. Schnell waren der Rucksack und meine Steyr verstaut, „Cito" sprang schon von Weitem ins Auto.

Ich war mittlerweile so tropfnass, als ob ich nach hundert Metern Kleiderschwimmen aus dem Wasser gestiegen wäre. Über die steile Bergstraße, auf der nun das Wasser, einem Sturzbach gleich, dem Tal zurauschte, steuerte ich meinen Wagen den heimatlichen Gefilden zu.

Nachdem der Bock in meiner Wildkammer ordentlich versorgt worden war und auf den Haken in der Kühlkammer gehängt worden war, tauschte ich meine nassen und durchweichten Kleider gegen trockene aus. Meine Tegernseer Jagerjoppe aus braunem Loden, geschneidert vom Hundegger in Lenggries, brauchte in der warmen Heizung sage und schreibe vier Tage zum Trocknen.

Ein Jagdgast

Hans hatte einen Zahnarzt als Jagdgast – er war wohl geschäftlich mit ihm verbunden – zu uns nach Oberammergau eingeladen. Der Zahnarzt, ein etwas behäbiger Typ, ein „erfahrener Jäger", so gab er sich aus, sollte auf einen Gamsbock jagern. Sein Sohn, der ihn begleitete, durfte auf einen Rehbock waidwerken.

Hans empfahl mir die beiden Jäger – ich sollte sie führen, er selbst hatte einen honorigen Jagdgast in seinem Tiroler Bergrevier auf den kleinen Hahn eingeladen. So kam es, dass ich die beiden Jagdgäste im Hotel „Ludwig der Bayer" in Ettal abholte. Nach einer kurzen Begrüßung – die beiden waren mir äußerst unsympathisch – und nach einer kurzen Einweisung mit dem obligatorischen Probeschuss fuhren wir dann ins Revier. Der Zahnarzt hatte standesgemäß einen schweren englischen Geländewagen mit Straßenbereifung. Auf meine Bitte, er solle doch den Wagen stehen lassen und mit mir mitfahren – ich hatte einen Subaru 1800 –, lehnte er entrüstet ab. Schließlich war die Automarke aus Expeditionsfilmen bestens bekannt und er käme überall hin. So fuhren wir halt dann auf die Nordseite des Schafelberg, um über das Königswald'l aufzusteigen.

Allerdings machten uns, erwartungsgemäß, die Fahrkünste meines Jagdgastes einen gewaltigen Strich durch die Rechnung. Auf der nicht ausgebauten und morastigen Rückegasse, welche ich mit meinem Subaru anstandslos befuhr, versank das Edelgefährt bis zu den Radnaben im Waldboden. Durch das ewige Hin und Her, Vorwärts und Rückwärts samt aufheulendem Motor war nun der ganze Wildbestand beunruhigt.

Endlich kam unser Superfahrer mit untergelegten Daxen (Fußmatten) wieder frei und wollte nun mit Nachdruck auf den Berg, um „eine Gemse zu erlegen". Nur widerwillig gab ich seinem Begehr nach und so stiegen wir durch das Königswald'l auf dem Schaffelberg zu. Dort hatte ich unter einer alten Wetterfichte eine kleine Bodenhock gezimmert, von der aus man einen guten Überblick hatte.

Prustend und schnaufend folgte mir mein Jagdgast, immer wieder stehenbleibend und sich beklagend, wie schwer denn die Gamsjagerei wäre und ob es nicht auf eine einfachere Art ginge und einen bequemeren Aufstieg gäbe. Ich musste mich schon sehr zusammenreißen, um dem Herren nicht ein paar bayrische „Freundlichkeiten" an den Kopf zu werfen. Da ich nicht die geringste Lust hatte, ihn zur Gams zu tragen, riet ich ihm als besorgter Jagdführer von seinem Vorhaben aus Liebe zu seiner Gesundheit ab. Schweren Herzens, aber sichtlich erleichtert nahm er meinen Vorschlag an.

Die beiden sollten, so Hans, auf der Jagdhütte übernachten und am nächsten Tag sollte dann der Sohn zum Schuss kommen. Also fuhr ich mit den beiden über die steile Forststraße unserer Jagdhütte zu. Diese war zu dieser Zeit, der Ausbau war noch nicht gemacht, nur über einen Hohlweg zu Fuß zu erreichen. Gerade als ich meinen Wagen auf dem Ganterplatz unterhalb des Hohlweges abstellte – die beiden waren mir auf der Stoßstange gefolgt –, flog die Beifahrertür des Edelgefährtes auf und der Sohn, gekleidet wie ein Navy Seal, sprang mit dem Gewehr in der Hand heraus und zielte in den Hochwald hinein. Mein sehr energisches „Halt" – und ich habe eine laute und tiefe Stimme – ließ ihn zusammenfahren.

„Da steht ein Rehbock", erwiderte er ganz frech. Auf mein nun nicht mehr freundliches „Ja wos foid denn dir ei, du bist hier Gast und schiasst dann, wenn i des sog", packte er kleinlaut und murrend seinen Schießprügel ein.

Der Hirsch vom Schweitzer, Partenkirchen

Revier Partenkirchen

Gams vor blauem Himmel

Am nächsten Morgen holte ich die beiden ab und wir fuhren ins Pulvermoos. Hier war es brettleben und es gab einen guten Rehwildbestand. Der Sohn, der schon wieder Oberwasser hatte, sollte sich auf einem kleinen Bodensitzerl ansitzen. Der Vater setzte sich auf eine freie Leiter und ich selbst suchte den überdachten Hochsitz am „Breiten-Graben“ auf. Als die Sonne ihre ersten Strahlen über den Aufacker und Rehbreinkopf schickte und es langsam Tag wurde, holte ich die beiden wieder von ihren Plätzen ab. Und verabschiedete sie auf der Jagdhütte.

Wir verabredeten uns für den nächsten Tag und dann wollte ich mit dem Sohn gemeinsam ansitzen. Allerdings war an dem vereinbarten Treffpunkt weder Vater noch Sohn anzutreffen und so suchte ich die kleine Leiter über dem Leierhof auf. Mitten im Sinnieren, warum die beiden nicht erschienen waren, donnerte unterhalb von mir ein Büchsenschuss. „Ja Kreizdeifi no amoi, wos is denn jetz los?“ Ich nichts wie runter vom Sitz und im Laufschritt runter über die Bergwiesen zum Auto. Mit affenartiger Geschwindigkeit trieb ich mein Auto in Richtung „Glumbhaufen“, von wo der Schuss gekommen war. Ich traute meinen Augen nicht, Vater und Sohn kamen Seite an Seite aus dem mannshohen Schilfgras und zogen an einem Vorderlauf gepackt einen Rehbock hinter sich her.

Nun platzte mir endgültig der Kragen, alle bayrischen Kraftausdrücke, die mir gerade in den Sinn kamen, prasselten auf die beiden nieder, welche aber meine Erregung gar nicht verstehen konnten. Nach der Abnahme der Hüttenschlüssel – ihr Auto war schon reisefertig gepackt – und dem Bescheid, dass ich Hans von diesem Vorfall berichten würde, entließ ich die beiden. Nicht jedoch, ohne ihnen das bayrische Jagdgesetz vorzuenthalten und einen Revierverweis auszusprechen.

Verstehen Sie mich richtig, liebe Leser, mir geht es nicht darum, hier jemandem etwas nachzusagen, aber genau diese Spezies von Mensch ist es, die den Jägerstand, egal ob nun Pächter, Bauernjager, Jagdaufseher oder Berufsjäger, sowie die Jagd in ihrer Gesamtheit in Verruf bringen.

Jagd ist mehr, als nur den Abzug der Flinte oder Büchse zu drücken. Zur Jagd gehören Schauen, Verstehen, Hege und Pflege des Wildes und der Natur. Dankbar sein für das Geschaute, aber auch Freude.

Toni Huber mit Gams und „Chico“

Zamser Revier, Tirol

Blick von der Tiroler Jagdhütte, mit Hans, dem Pächter

Der Bartbock

Die Gamsbrunft ist für jeden Bergjager der Höhepunkt im jagerischen Jahr. In den letzten Tagen hatte es einen gewaltigen Wurf Neuschnee hergeschmissen. Die Gamsbrunft war im vollen Gange und ich hatte bereits im Herbst einen alten Bock ausspekuliert, dem nun in der Brunft mein jagdliches Interesse galt. Sobald sich der Schnee etwas gesetzt hatte, wollte ich auf dem Schaffelberg nach dem Begehrten schauen.

Ich ließ noch einige Tage ins Land gehen, ehe ich – es war Wochenende, der Schnee hatte sich gesetzt und gefestigt – den Weg ins Revier einschlug.

In meinem Bergjager-Rucksack hatte ich außer dem üblichen Ballast, wie Erste-Hilfe-Packerl für Hund und Herrl, die obligatorische Wechselwäsche nebst Brotzeit und noch meine Grödeln (Steigeisen zum Anschnallen) untergebracht. Der Schaffelberg mit seinen steilen Seiten und dem steil abfallenden Bergwald hatte im Sommer seine Tücken und im Winter erst recht. Schnell konnte man in eine Situation kommen, in der es weder vor noch zurück, sondern nur noch steil bergab ging.

Hund – mein BGS „Birko" – und Rucksack fanden ihren Platz auf dem Rücksitz meines Suzuki, das Gewehr, mein Steyr-Madl, fand in der Halterung am Armaturenbrett Platz.

Ich fuhr durch die tiefverschneite, winterliche Landschaft ins Revier, noch vor ein paar Tagen hatte trockenes Herbstwetter geherrscht. Am Parkplatz unterhalb der Bärenhöhle stellte ich mein Jagdgefährt ab, schulterte meinen Bergjager-Rucksack, griff mach meinem Gewehr und dem unvermeidlichen Bergstecken, des Jägers drittes Bein. Gerade im Winter leistete dieser wertvolle Hilfestellung, wenn´s einmal ganz kritisch wurde. Über die eisenbewährte Spitze, welche mir ein Jagdfreund aus dem Schweißhundelager aus dem vollen Material gedreht hatte, stülpte ich einen Gummigriff, wie sie bei Fahrradlenkern verwendet wurden. So konnte mich, sollte ich am Fels anstoßen, das helle Klingeln nicht verraten.

Meine lodenen Gamaschen, die ich mir in Tirol hatte machen lassen, schützten meine Beine gegen den fast kniehohen Schnee. „Birko" spurte in meiner Fährte erwartungsvoll hinter mir her. Langsam stieg ich durch den steilen Bergwald höher und schlug den Weg in die tiefe Schaffelberg-Scharte ein. Ganz an die Felswand gedrückt, führte ein schmaler Steig, den ich jetzt mehr ahnen als sehen konnte, nach oben. Links und rechts stiegen die grauen, vom Schnee angezuckerten Felswände in den azurblauen Winterhimmel.

Nach einem kräfteraubenden und schweißtreibenden Aufstieg – die letzten hundert Meter waren die schlimmsten – erreichte ich eine kleine, primitive Bodenhock. Diese hatte ich im Sommer aus herumliegenden Prügeln und Ästen unter einer alten Fichte zusammengezimmert.

Ich befreite das Sitzbrett vom Schnee, schob mir meinen Filzfleck unter und hüllte mich in meinen Lodenkotzen, nachdem ich die durchgeschwitzte Wäsche gegen trockene getauscht hatte. Auch „Birko" schob sich unter den wärmenden Kotzen und drückte sich fest an mich. Ich harrte schon fast eine Stunde, die Kälte machte sich bemerkbar, als es über mir lebendig wurde. Ein kleines Scharl Gams, zwei Geisen mit ihren Kitzen und einem Jahrling, spurten keine fünfzig Meter über mir durch den Neuschnee, der ihnen bis unter die Bauchdecke reichte.

Von dem alten Bock, dem mein Begehr galt, war weit und breit nichts zu sehen.

Und so verfiel ich wieder einmal ins Sinnieren. Hier heroben sollte nach dem Willen der Privatwaldgemeinschaft und dem

Forst eine Pflanzaktion stattfinden. Dort, wo noch nie ein Baum oder Latschen gestanden war, sollte nun ein Bergmischwald entstehen. Dabei war hier die fruchtbare Humusschicht gerade mal handbreit tief. Die Leidtragenden waren wieder einmal unser heimisches Wild und hier besonders das Gamswild.

Aber leider konnte das Gamswild nicht vor Gericht ziehen und Prozesse führen und hatte außer der Jägerschaft keine Fürsprecher und keine politische Lobby.

Wie herrlich könnte das Waidwerken sein, wenn sich alle an den Grundsatz „leben und leben lassen" halten würden. Sicherlich war ein überzüchteter Wildbestand weder für Wild noch für den Wald gut, aber wer gab uns das Recht, alles zu reglementieren?

Über mein ganzes Sinnieren hätte ich fast den Gamsbock, der auf der Fährte des kleinen Scharl durch den Graben zog, übersehen, nur das kurze Husten meines „Birco", der seinen Kopf unter dem Kotzen hervorgeschoben hatte, ließ mich aufhorchen.

Dort oben stand der alte Gamsbock mit seinen leicht verwaschenen Zügeln und seinem fast quadratischen Gebäude, wäre da nicht der aufgestellte Wachler gewesen, in dem der Bergwind spielte. Schnell griff ich nach meinem Gewehr und ging dem Bock von oben ins Leben. Im nächsten Augenblick rutschte und walkte er, von einer sauberen Kugel getroffen, zu Tal und blieb etwas unterhalb meiner Hock liegen.

Mit zittrigen Fingern, nicht nur wegen der Kälte, sondern weil mich das Jagdfieber befallen hatte – ich hatte doch noch nie vorher so einen Bock erlegt –, stopfte ich mir meine kleine Revierpfeife und paffte genüsslich, die blauen Rauchkringel in den Himmel schickend, den würzigen Tabak.

Verflogen waren Kälte und trübe Gedanken und machten einer tiefen und ehrlichen Dankbarkeit Platz. Dankbar dafür, dass ich hier sitzen und jagern durfte, dankbar aber auch, dass der liebe

Gott mich in dieses herrliche Fleckchen Erde hat fallen lassen. Ich könnte nirgendwo anders leben als in meinem geliebten Werdenfelser Landl und unseren herrlichen Bergen.

Langsam schob ich mich aus der Hock, erst jetzt spürte ich die Kälte an den Füßen und stieg mit klammen Beinen zu meiner Beute. Bevor es ans Bartrupfen und die rote Arbeit ging, steckte ich dem Bock einen Latschenzweig als letzten Bissen in den offenen Äser. Lange blieb ich noch stehen und erwies dem alten Recken die letzte Ehre.

Aus meinem Rucksack kramte ich die alte Zeitung und vier längere Holzsteckerl, ganz vorsichtig rupfte ich die Barthaare und legte sie in die Zeitung. Der Bart hatte eine Länge von neunzehn Zentimetern.

Als alle Haare gerupft und fein säuberlich zusammen mit den Holzsteckerln in das Zeitungspapier eingerollt und im Rucksack verstaut waren, machte ich mich an die rote Arbeit.

Ich öffnete die Bauchdecke nur mit einem kurzen Schnitt, randelte (Kreisschnitt um den Enddarm) den Enddarm und entfernte das Gescheide. Herz und Leber ließ ich drin, das Schloss blieb zu und die Keulen so sauber. So hatte ich das von meinem jagerischen Freund und Lehrprinz, dem unvergessenen Jager-Max, gelernt. Ich schulterte meinen Bergjager-Rucksack, nachdem ich mir vorsichtshalber die Grödeln untergeschnallt hatte, schmiss meine Steyr über den Rucksack und zog den Bock – seine Krickerln zeigten dreizehn Ringe – im Tiefschnee talwärts. „Birko" lief hinter mir her und versuchte immer, den Lauf des Bocks zu erhaschen.

Am Auto angekommen, befreite ich meine Kleider erst einmal vom Schnee, verstaute den Bock auf dem Liefergestell und steuerte dem heimischen Kachelofen, den meine Frau schon geschürt hatte, zu. In der warmen Stube gab es dann eine ordentliche und schmackhafte Brotzeit und eine – oder waren es zwei – Halbe Bier.

Der Herzinfarkt-Bock

Der Sohn unseres Jagdpächters wollte nun auch den Jagdschein machen. Hans war über diese Nachricht sehr erfreut, stieg doch das eigen Fleisch und Blut in seine Fußstapfen.

Und so kam es, dass Christian nun des Öfteren auf der Jagdhütte im bayrischen Oberammergau oder auf der Jagdhütte im Tiroler Revier weilte, um dort mit seinem Vater auf die Jagd zu gehen. An einem Jagdwochenende bat mich Hans, mich des angehenden Jungjägers anzunehmen und mit ihm auf die Pirsch zu gehen. Gesagt, getan und wir pirschten, der Christian und ich, zum Rehbrein-Almboden, einem verlassenen Hochleger. Dort stand eine alte, einzelstehende Zwieselfichte und in dieser war ein versteckter Hochsitz eingebaut.

Bereits auf dem Aufstieg zum Hochleger versuchte ich, dem Jungjäger einige Verhaltensregeln zu vermitteln. Vor allem war Ruhe auf der Jagd oberstes Gebot, gerade beim Ansitz auf das so scheue und misstrauische Rotwild. Auch das Pirschen musste gelernt sein und so „übten" wir das gleich beim Angehen unserer Ansitzleiter. Dort angekommen, legte ich meinen BGS-Rüden „Birko" am Fuße der Leiter ab und wir stiegen nacheinander auf den Sitz. Da es noch relativ früh war, machten wir es uns einigermaßen bequem. Von hier aus hatte man einen weiten Blick ins Unterland, der Staffelsee schimmerte in der Abendsonne wie ein ungeschliffener Diamant zu uns herauf.

Wir saßen schon eine ganz Weile, ohne ein Wort zu wechseln. Aus den Augenwinkeln heraus bemerkte ich, dass unser Jungjäger in einen tiefen „Hochsitzschlaf" gesunken war. Erst als die Dämmerung aus den Tiefen des Bergwaldes heraufstieg, weckte ich meinen Begleiter. Ganz verwundert fragte er mich, ob denn nun schon alles vorbei wäre. Ich verschwieg ihm tunlichst das

Geschaute, ein Alttier mit einem fetzenstarken Kalb und einen Rotwildspießer mit ellenlangen Stangen.

Mehr stolpernd als pirschend gingen wir in der Dunkelheit durch den Bergwald der Jagdhütte zu. Als ich Hans von dem Geschauten erzählte, vermied ich es aber, den Hochsitzschlaf seines Sohnes zu erwähnen, um Christian den Kommentar seines Vaters zu ersparen.

So war nun das Jahr ins Land gegangen, Christian war in der Vergangenheit noch öfter mein Begleiter, als Hans mich im Rehbockmond (Juni) an einem Sonntag anrief und mich bat, bei einer Nachsuche zu helfen. Wir verabredeten uns im Pulvermoos, Christian, der inzwischen die Jägerprüfung abgelegt hatte, war dort auf einen Rehbock angesessen und hatte diesen beschossen. Nach dem Schuss war der Bock hochflüchtig abgegangen und hatte die Dickung aufgesucht.

Hans legte seinen erfahrenen und wildscharfen BGS-Rüden „Alf“ am Anschuss zur Fährte und sofort legte sich dieser stramm in die Riemen. Es ging durch die Dickung, wo er das erste Wundbett verwies, quer durch das Pulvermoos. Nach einigen Haken und Widergängen donnerte plötzlich vor dem Nachsuchengespann der Bock aus der Dickung: an dem Hochsitz „Blitzbaum“, einer von einem Blitz zerrissenen Fichte, vorbei in die nächste Dickung. Christian, der auf dem Hochsitz saß, warf dem Bock noch einen Schuss hinterher, verfehlte ihn aber.

Nachdem „Alf“ uns zu verstehen gegeben hatte, dass er geschnallt werden wollte, nahm ihm Hans die Halsung ab und „Alf“ folgte mit tiefer Nase der Wundfährte. Kurz darauf ertönte der giftige Standlaut aus der Dickung. Hans und ich liefen zur „Bail“ und auch Christian kam hinzu. Vor uns lag der verendete Rehbock. Bei der roten Arbeit, die Hans selbst übernahm, bemerkte unser Jungjäger, dass die Herzspitze des Rehbocks dunkelblau, ja fast schwarz gefärbt war. Auf die Frage, was das wohl zu bedeuten hätte, antwortete Hans in seinem ihm eigenen, trockenen Humor: „Ja mei, der Bock is auf den zwoaten Schuss hi an Herzinfarkt gestorben." Ungläubig schaute der Sohn seinen Vater an, und erst als dieser und ich in schallendes Gelächter ausbrachen, begriff er, dass er ganz kräftig auf den Arm genommen worden war.

Heute ist Christian ein begeisterter Jäger und Hundeführer. Selbstverständlich wurde der Bock auf unserer Jagdhütte noch gebührend gefeiert.

Da Jaga-Max

In diesem Buch wurde mein jagdlicher Ziehvater und Freund nun schon des Öfteren erwähnt, deshalb möchte ich der verehrten Leserschaft und im Gedenken an meinen Freund Max diesen kurz vorstellen.

Als ich nach dem Jagdkurs mit dem Jagern begann, lernte ich über meinen Freund den Jaga-Max kennen. Der Max war ein geradliniger und aufrechter Mann, ein echter Gebirgler. Er war unterhaltsam und gesellig, gerade die jungen Jäger, auch seine Berufskollegen lauschten gerne seinen Erzählungen. Er war hier im Forstamt Garmisch als Berufsjäger tätig und ein hervorragender Führer unserer Gebirgsschweißhunde und ein ebenso erfolgreicher Züchter.

So war es auch nicht verwunderlich, dass ich mich als junger Hundebesitzer – Führer konnte man ja noch nicht sagen – an den Jaga-Max wandte, wenn ich Fragen rund um die Haltung und Abführung meines BGS-Rüden „Birko" hatte. Bald entwickelte sich eine ehrliche Freundschaft und so wurde ich vom Jaga-Max auf Pfostenschauen und Vorprüfungen mitgenommen. Obwohl mein „Birko" keine Zuchtpapiere hatte und aus keiner anerkannten Zucht stammte, durfte ich bei den Vorprüfungen mitgehen.

Durch meine häufige Anwesenheit und Mithilfe beim Kunstfährtenlegen und mein ehrliches Interesse an der Arbeit mit dem roten Hund, wie wir unsere BGS nennen, wurde ich dann doch in den Klub für Bayerische Gebirgsschweißhunde aufgenommen und durfte als Richteranwärter mitwirken.

Als ich nach knapp vierzehn Jahren von meinem treuen Begleiter Abschied nehmen musste und ich einen jungen BGS-Rüden aus Tirol, meinen „Cito von Bschlabs" mit seinem edlen Stammbaum, bekam, war der Max ein hervorragender Lehrer. Ich denke dankbar an die vielen Gespräche und Tipps zurück. In seinem Dienstrevier, unterhalb des Kramers, ob am Lachen oder auf der Reschbergwiese und im Bergwald, legte er für mich und meinen jungen BGS zahlreiche Übungsfährten. Es war ihm nie zuviel, Wild für die Strecke zu besorgen, zu vernähen und auf den Fährten auszulegen.

Ich weiß noch gut, als ich bei einer Morgenpirsch ein Schmalstuck beschossen hatte und dies in der bürstendicken Dickung verschwand. „Cito" war da gerade mal 14 Wochen alt. Mein verzweifelter Anruf beim Jaga-Max, der mich sofort beruhigte: „Toni, nimm des Hunderl und lass'n arbeiten." Mein kleiner BGS-Rüde erwies sich bei der Nachsuche als Totverweiser, Max war überglücklich und gratulierte mir mit: „Toni, i gratulier dir, du host an Totverweiser." Nur wer in den Bergen jagert, weiß, was das heißt. Und diese Fähigkeit wollten wir nun fördern und ausbauen, indem Max immer und immer wieder neue und immer schwierigere Fährten legte, welche mein junger BGS problemlos meisterte. Kurz vor der bevorstehenden Vorprüfung zeigte „Cito" kein Interesse mehr an den getretenen Kunstfährten. Max riet mir von der Vorprüfung dringend ab. Schweren Herzens und etwas ungläubig folgte ich seinem Rat. Gott sei Dank, denn bei der folgenden Vorprüfung in seiner Tiroler Heimat, dort, wo einstmals Ludwig Ganghofer waidwerkte, holte er sich einen hervorragenden ersten Platz. Auch bei der Vorprüfung im berühmten Isartaler Revier „Fall" belegte er einen ersten Platz. Dies war für den Jaga-Max, der mich zu den Prüfungen begleitete, Lohn genug für seine Arbeit. Ein herzliches Vergelt's Gott, liaba Max.

Gerne erinnere ich mich an die vielen Abende, als ich beim Jaga-Max und seiner Frau Leni im Jagahäusl in Garmisch war und der Max in seiner kurzweiligen und interessanten Art von seinen Erlebnissen und dem Jagern erzählte. Wenn er von seinen Hirschen erzählte, die alle einen Namen hatten, die er hegte und über so manchen harten Winter brachte, und wenn er dann mit seinen Jagdgästen auf den reifen Hirsch jagerte. Wenn ich abends zu meiner Frau sagte: „Du Schatz, i geh no kurz zum Jaga-Max", dann lachte sie und meinte: „Des Kurz konnst da sparn", wusste sie doch ganz genau, dass aus dem Kurz oft mehrere Stunden wurden, besonders wenn noch junge Berufskollegen dabei waren.

Ich kann mich noch gut an die erste Jagdausstellung in Erding erinnern, zu der Max und ich fuhren. Beim Heimweg wollte der Max noch einen alten Freund, der als Förster in Garmisch tätig war und später in der Nähe von Erding Dienst tat, besuchen. Natürlich dauerte der Besuch etwas länger, was man ja auch verstehen konnte, wenn man sich Jahre nicht gesehen hatte und es viel zum Erzählen gab. Endlich, es waren wohl schon einige Stunden vergangen, machten wir uns auf den Heimweg.

Kurz vor Garmisch lag und liegt das kleine Dorf Farchant und an der Hauptstraße das kleine Lokal „Antoni-Stüberl". Beim Vorbeifahren meinte Max: „Do war i aa schoo lang nimma drin." Der Wirt war ebenfalls Jäger und mit Max gut bekannt. Also blieben wir stehen und besuchten „kurz" den Wirt vom Antoni-Stüberl, in dem sich zu dieser fortgeschrittenen Stunde nur noch drei fröhliche Zecher befanden. Groß war das Hallo, als sich die beiden wiedersahen.

Schnell ging ein richtiger Hoagartn zusammen und so manch alte Geschichte wurde wiederbelebt. Und die Zeit verrann, ohne dass wir es bemerkten, bis der neue Tag zum Fenster hereingrüßte. Ja, so war das, wenn man mit dem Jaga-Max unterwegs war. Wenn man beim Jaga-Max, der auch noch ein begnadeter Musikant war, saß, verloren sich Zeit und Raum. War er doch für viele seiner jungen Berufskollegen, aber auch für mich und andere Jungjäger eine beliebte Anlaufstelle. Er war väterlicher Freund, ein guter Zuhörer und Berater, er war ein Kamerad und ein Berufsjäger vom alten Schlag. Leider gibt es derer nicht mehr viele. Fern seiner Bergheimat, aber nahe bei seiner zweiten Ehefrau deckt ihn nun die Erde. Liaba Max, vergelt's Gott für alles.

Auch Jäger haben einen Schutzengel

Es war August und Hans hatte mich in sein Zamser Revier auf Gams eingeladen. So fuhr ich also wieder einmal in das herrliche Hochgebirgsrevier, im Gepäck meinen zuverlässigen .308 Repetierer und meinen unverwüstlichen Bergjager-Rucksack mit Wechselwäsche und Waschzeug. Auch mein treuer Jagdgefährte „Cito" durfte natürlich mitfahren.

Nach gut eineinhalb Stunden Fahrt über den Fernpass und das obere Inntal erreichte ich das kleine Bergdorf Grist, einen Ortsteil von Zams. Von hier aus führte eine schmale und steile Bergstraße durch den Hochwald zur Jagdhütte von Hans.

Langsam schnurrte mein kleiner Geländewagen die Straße bergwärts, der Hochwald blieb zurück und freie Almwiesen säumten nun meinen Weg. Hier stand das Almvieh und labte sich an den frischen Gräsern und würzigen Almblumen und Wildkräutern. Kurz vor der Hütte musste ich noch einen Weidezaun passieren, die Straße war mit einem Tor verschlossen, dann stand ich endlich vor der herrlich gelegenen Jagdhütte, die eigentlich schon fast ein Jagdhaus war.

Hans und sein Tiroler Jagdaufseher Luis erwarteten mich schon an der Hüttentüre. Nach einer herzlichen Begrüßung bezog ich das mir zugewiesene Zimmer, bevor es an die gemeinsame Abendbrotzeit ging. Wie immer hatte Hans für eine reich gedeckte Tafel mit deftigen Würsten, Speck, Kas und einem würzigen und duftenden Bauernbrot gesorgt. Selbstverständlich durfte auch das gut gekühlte Bier nicht fehlen.

Während der Brotzeit berieten wir uns, wo wir am nächsten Tag zum Gamsjagern aufsteigen wollten. Luis wusste einen guten Platz oberhalb der Meranz-Alm und so beschlossen wir, es dort zu versuchen. Lange blieben wir noch vor der Hütte sitzen. Von hier aus hatte man einen wunderbaren Rundblick über das ganze Revier – den Rauerkopf mit seiner tiefen Schlucht, das Zamser Loch und den Venetberg.

Am nächsten Morgen fuhren wir nach einem kurzen Frühstück mit dem Uralt-Toyota zur Meranz-Alm und machten uns von dort aus zu Fuß durch den lichten Zirbel-Hochwald zum Ansitz auf. Nach gut einer Stunde erreichten wir eine kleine, ganz versteckte Bodenhock unter einer von Wind und Wetter zerzausten Zirbel. Da diese aber nur zwei Personen Platz bot, nahm Luis kurzerhand auf einem Baumstumpf hinter uns Platz. Hans und ich schoben uns in die Hock und richteten uns ein.

Wir mussten nicht lange warten, als vom Kar her leises Steineln verriet, dass dort Wild zog. Da – plötzlich zogen sie auf die mit Latschen durchsetzte Bergwiese, zwei, drei, vier, fünf Gams standen urplötzlich ganz frei und zupften an den Trieben der Latschen. Hans fingerte sein Spektiv aus seinem Rucksack und nahm das kleine Scharl in die Linsen.

Lange sprach er die Gams an, er war ein hervorragender Gamskenner und Jäger, bevor er wortlos den Kopf schüttelte. Es war keine passende Gams dabei, allesamt zu jung.

Hans wollte nun auf die gegenüberliegende Bergseite, aber dazu mussten wir den nicht ganz ungefährlichen Weg durch das Zamser Loch mit seinen steil abfallenden Felsstürzen und Schuttkegeln wagen. Langsam und vorsichtig setzten wir Fuß vor Fuß, hier erwies sich der Bergstecken, des Bergjägers dritter Fuß, als eine unverzichtbare Hilfe. Die glatten Felsen boten unseren grobstolligen Bergstiefeln nur geringen Halt und so mussten wir unser ganzes Gewicht auf den Bergstecken verlagern. Ein falscher Tritt könnte hier fatale Folgen haben. Unsere beiden BGS folgten uns nur widerwillig, frei ohne Leine.

Endlich hatten wir die Schlucht gequert, ohne Steine oder lockeres Geröll loszutreten, denn das wäre für die Gams wie ein Alarmzeichen gewesen, und hatten wieder festen und sicheren Boden unter den Füßen. Wir pirschten zu einem kleinen Almflecken und ließen uns hinter einer umgestürzten Zirbel nieder.

Die Sonne stand schon ziemlich hoch am sommerlichen Himmel und brannte unerbittlich herunter. Schön langsam machten sich Hunger und Durst bemerkbar, da wir aber nur mit einer kurzen Morgenpirsch gerechnet hatten, waren wir ohne Getränke und Brotzeit losmarschiert.

Trotzdem harrten wir in unserer Deckung aus, weil Hans sich sicher war, heute noch Gams in Anblick zu bekommen. Lange mussten wir uns gedulden, bis ein größeres Scharl Gams über die Bergmatten zog. Aber auch hier das gleiche Schauspiel wie am Vormittag. Es war kein passender Gams dabei.

Da sich nun Durst und Hunger immer öfter meldeten und der Tag auch zur Neige ging, pirschten wir – aber diesmal über einen leichteren Abstieg – zur Meranz-Alm zurück. Mit unserem Revierfahrzeug, das schon einige Abstürze überlebt hatte, ging es zur Hütte zurück. Völlig ausgelaugt erfrischten wir uns kurz am Hüttenbrunnen, der von einer höhergelegenen Quelle gespeist wurde, und wechselten unsere durchgeschwitzten Hemden, bevor es zu Tisch ging und Durst und Hunger gestillt wurden. Da ich noch am gleichen Abend zurückfahren musste, weil die Geschäfte riefen, trank ich nur zwei oder drei Radler.

Nach dem Essen packte ich meine sieben Sachen in meinen Wagen, „Cito" lag schon auf dem Rücksitz, und verabschiedete mich von Hans und Luis, nicht ohne eine neuerliche Einladung zu bekommen, in der Gamsbrunft noch mal auf Gams zu jagern.

Langsam rollte mein kleiner Japaner über die Straße talwärts, von Grist leuchteten die ersten Lichter herauf, ich ließ das kleine Bergdorf hinter mir und kam auf die gut ausgebaute Straße Richtung Heimat. Ich kam gut voran, jedoch musste ich immer öfter mit der aufkommenden Müdigkeit kämpfen. Ich hätte doch die Radler nicht trinken sollen, die mir jetzt den Schlaf schickten.

Kurz nach Nassereith bemerkte ich im Rückspiegel die Scheinwerfer eines großen Autos, das mir in einigem Abstand folgte. Über den Fernpass verringerte ich mein Tempo, doch der Wagen hinter mir, es war ein großer Tankzug, überholte mich nicht. Auf der Straße von Ehrwald nach Garmisch übermannte mich die Müdigkeit derart, dass ich scheinbar auf die linke Fahrbahn geraten war. Doch das Dröhnen der Pressluftfanfare des Tankzuges blies meine Müdigkeit mit einem Schlag weg.

Endlich leuchtete im Scheinwerferlicht das Ortsschild von Garmisch-Partenkirchen auf und nun hatte ich nur noch wenige Hundert Meter zu fahren und war daheim. Beim Abbiegen von der Hauptstraße in meine Wohnstraße fuhr der Tankzug an mir vorbei und ließ seine Fanfare noch einmal lang und kräftig ertönen. Nicht auszudenken, was hätte passieren können, wenn dieser Tankzugfahrer nicht gewesen wäre. Jetzt wusste ich, dass in dem Tankzug mein Schutzengel gesessen hatte,

Vergelt´s Gott, du Schutzengel auf fünf Achsen.